Bernhard Lenz

Solarthermische Gebäudeklimatisierung in trocken-heißen Regionen

Bernhard Lenz

Solarthermische Gebäudeklimatisierung in trocken-heißen Regionen

ibidem-Verlag
Stuttgart

Bibliografische Information der Deutschen Nationalbibliothek
Die Deutsche Nationalbibliothek verzeichnet diese Publikation in der Deutschen Nationalbibliografie; detaillierte bibliografische Daten sind im Internet über http://dnb.d-nb.de abrufbar.

Bibliographic information published by the Deutsche Nationalbibliothek
Die Deutsche Nationalbibliothek lists this publication in the Deutsche Nationalbibliografie; detailed bibliographic data are available in the Internet at http://dnb.d-nb.de.

Titelbild: Vakuumröhrenkollektoren
Abdruck mit freundlicher Genehmigung des Bundesverband Solarwirtschaft e.V. - BSW

zugl. Dissertation an der Technischen Universität Darmstadt, Fachbereich Architektur. Eingereicht unter dem Titel: Entwicklung eines neuartigen, solarthermischen Klimatisierungssystems zur Verbesserung des thermischen Komforts in Gebäudeinnenräumen der arid-heißen Regionen

D 17

∞

Gedruckt auf alterungsbeständigem, säurefreien Papier
Printed on acid-free paper

ISBN-10: 3-8382-0129-9

ISBN-13: 978-3-8382-0129-0

Meiner Frau Anja und meinen Eltern

Vorwort

Vorwort

Soll die Erstellung eines thermischen Komforts in Gebäudeinnenräumen nicht allein durch die Integration zusätzlicher, marktüblicher Haustechnik erfolgen, stellt jedes Mikroklima ganz besondere Bedingungen an ein Gebäude. Eine optimale Anpassung an ein vorherrschendes Mikroklima kann in der Regel nur aus einer Kombination von angemessener, ästhetisch sinnfälliger Gebäudegeometrie, standortgerechten Baumaterialien und einer optimalen, im Idealfall innovativen Gebäudetechnologie bestehen. Die alleinige Ausstattung mit derzeit marktüblicher Gebäudetechnik, ohne Berücksichtigung weiterer Parameter, kann ebenso zur Erstellung eines behaglichen Innenraumes führen, ist i.d.R. jedoch mit deutlich höheren Unterhaltskosten, einem höheren Energieverbrauch und damit einhergehenden hohen Emissionswerten verbunden. Aus diesem Grunde beschäftigt sich die vorliegende Dissertation damit, eine gegenüber derzeit verfügbaren Systemen besonders nachhaltige und energieeffiziente Alternative zu konventionellen Gebäudeklimatisierungssystemen zu entwickeln. Im Fokus der Entwicklung stand die Vorgabe, ein Gebäudeklimatisierungssystem zu entwickeln, das auch bei extrem hohen Umgebungstemperaturen keinerlei Wasserverbrauch aufweisen darf. Eine Maßgabe, die das entwickelte System von anderen solarthermischen Systemen[1] deutlich unterscheidet. Der hohe Stellenwert dieser Prämisse liegt selbstverständlich darin begründet, dass Wasser in arid-heißen Regionen eine besonders knappe und zugleich teure Ressource darstellt.

Steigende Ansprüche an den thermischen Komfort sowie architektonische Konzepte, die mit einem Fassadenverglasungsanteil von mehr als etwa 50% arbeiten, führen zu einem stetig ansteigenden Klimatisierungsbedarf. Diese, sich weltweit abzeichnende Entwicklung führte allein in Europa (EU-15) dazu, dass der Anteil der gekühlten Flächen zwischen dem Jahr 1980 und dem Jahr 2000 um ca. 400 % [I 11, S.1] angestiegen ist. So wurde bspw. im Jahr 2003 von der Vereinigung *Energy Efficiency and Certification of Central Air Conditioners - EECAC* eine Verfünffachung des europäischen Klimatisierungsbedarfs zwischen den Jahren 1990 und 2020 prognostiziert und musste bereits nach oben korri-

[1] Solarthermische Systeme: Sorptionskälteanlagen müssen ab einer Außenlufttemperatur von $t_{AL} \approx 32$ °C über einen Nasskühlturm rückgekühlt werden, wobei Wasser verdunstet wird. DEC-Anlagen (Sorptionsgestützte Klimatisierung) weisen generell einen Wasserverbrauch auf.

giert werden [9, S.3]. Allein in der Europäischen Union muss innerhalb des Zeitraumes vom Jahr 2000 bis zum Jahr 2020 mit einem Anstieg der klimatisierten Fläche von vormals durchschnittlich 3 m^2/ Einwohner auf in etwa 6 m^2/ Einwohner im Jahr 2020 [9, S.3] ausgegangen werden.

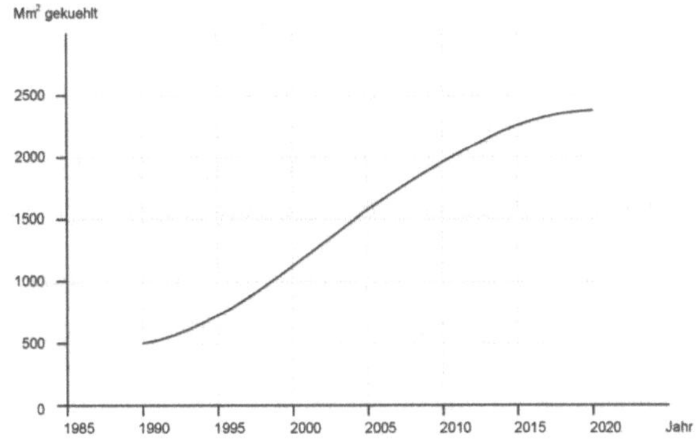

Abbildung 1: Prognostizierter Klimatisierungsbedarf in Europa (EU-15) [9, S.3]

Bei der Betrachtung der für Europa vorliegenden Daten ist zu berücksichtigen, dass ein Grossteil der Länder in den warmgemäßigten Zonen, mit vergleichsweise geringen solaren Einstrahlungswerten liegen. Dies bedeutet, dass in Klimaregionen mit deutlich höheren solaren Einstrahlungswerten, bei vergleichbaren innerstädtischen Verdichtungserscheinungen mit einem weitaus stärkeren Anstieg der klimatisierten Flächen und einem damit verbundenen Energieverbrauch gerechnet werden muss. Speziell in Ländern der arid-heißen Regionen muss aufgrund hoher Migrationsbewegungen mit einer weiteren Verdichtung der Städte in Verbindung mit einer Ausweitung der überbauten Fläche gerechnet werden, woraus sich weitere Probleme für die nachhaltige Erstellung eines thermischen Komforts in Gebäudeinnenräumen ergeben. Ein wesentlicher Punkt dieser Problematik liegt u.a. in der Erhöhung der städtischen Oberflächentemperaturen. Die Kombination aus geringer Evapotranspiration[2] und hoher Wärmespeicherkapazität innerstädtischer Lagen sowie den daraus resultierenden Wärmeabgaben über langwellige Strahlung führt zu

[2] Evapotranspiration: Summe der Wasserverdunstung aus Transpiration und Evaporation, d.h., der Gesamtheit der Verdunstung die über Flora, Fauna und Bodenoberfläche entsteht.

einem innerstädtischen Temperaturniveau, dass deutlich über dem ländlicher oder weniger dicht besiedelter Gebiete liegt. Untersuchungen in den USA zeigten beispielsweise, dass städtische Lufttemperaturen am Tag um bis zu ca. 20 % und in der Nacht um bis zu ca. 10 % über denen von unbebauten Gebieten liegen können [2, S.23; 24, S.5]. Ein Phänomen, das als „Heat-Island" Effekt bekannt ist. Der Effekt, der deutlich an die Größe der Stadt gekoppelt ist, führt primär zu einer Erhöhung der städtischen Oberflächentemperaturen. Ein aus dem Effekt resultierendes Problem liegt in der Zunahme des zur Erstellung eines thermischen Komforts benötigten Gebäudekühlleistungsbedarfs bei weiterhin unveränderten internen Gebäudewärmelasten.

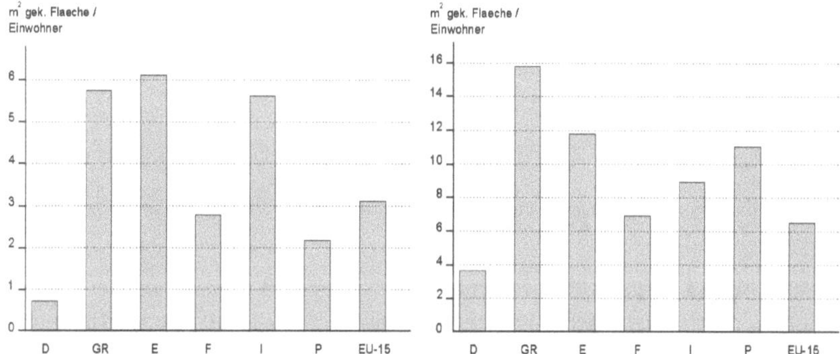

Abbildung 2: Gekühlte Gebäudefläche in Europa im Jahr 2000 [m²/Einwohner] (links) / Prognose für das Jahr 2020 [m²/Einwohner] (rechts) [9, S.3]

Da zur Gebäudekühlung i.d.R. meist Kompressionskältesysteme genutzt werden, führt dies wiederum zu einem extremen Anstieg des Energieverbrauchs. So zeigten Untersuchungen, dass eine sommerliche Temperaturzunahme um 1 °F[3] in Städten mit mehr als 100.000 Einwohnern aufgrund des erhöhten Einsatzes von Klimaanlagen, zu einem Anstieg der elektrischen Spitzenlast von 1,5 % bis 2 % führt. In Los Angeles beispielsweise führte ein Anstieg von 1 °F über die durchschnittliche Maximaltemperatur bereits vor wenigen Jahren zu einer zusätzlich benötigten Energiemenge von ca. 300 MW! Nur zur Kompensation des „Heat-Island" Effektes werden in den USA deshalb schon seit einigen Jahren ca. 3 % bis 8 % des sommerlichen Strombedarfs benötigt

[3] 1 °F: Umrechnung von °F zu °C: $x\,°F = 5 / 9 * (x - 32)\,°C$

[2, S.24; 24, S.5]. Problematisch stellt sich der Anstieg des prognostizierten Gebäudeklimatisierungsbedarfs insbesondere vor dem Hintergrund der zum Einsatz kommenden Kühltechnologien dar. So kommen derzeit meist Geräte auf der Basis von Kompressionstechnik zum Einsatz, die zur Kälteerzeugung elektrische Energie benötigen. Dies führt bei dem derzeitigen, weltweit im Durchschnitt vorhandenen Energiemix [13, S.24] zu hohen CO_2-Emissionen.

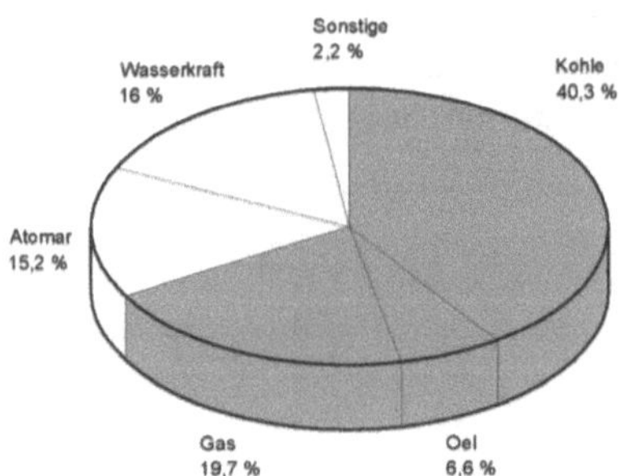

Abbildung 3: Generierung von Elektrizität (Weltweite Energieproduktion 2005) [13,S.24]

Wie in Abb. 3 dargestellt, werden derzeit nahezu 2/3 der weltweit erzeugten Energie durch thermische Verbrennungsprozesse fossiler Energieträger gewonnen. In Europa wurden beispielsweise bereits im Jahr 1990 ungefähr 11.000 GWh Primärenergie aufgewendet, um kleine dezentrale „Air-Conditioning" Systeme[4] zu betreiben. Auf der Grundlage von Hochrechnungen muss bis zum Jahr 2020 von einer Vervierfachung dieses Verbrauchs bis zu einer Höhe von ca. Q = 44.000 GWh ausgegangen werden [15, S.1].

Innerhalb der vorliegenden Dissertation wird die Annahme getroffen, dass die für Europa vorliegenden Entwicklungen auch auf die Ballungsräume der arid-heißen Regionen übertragbar sind und eine fortschreitende Verdichtung der Stadträume sowie der gleichzeitig steigende Anspruch an den thermischen Komfort zu einem extremen Bedarf an zusätzlichen, klimatisierten Flächen führen wird. Da die am Beispiel Europas aufgezeigten Entwicklungen in den trocken-heißen Zonen jedoch weitaus gravierendere Folgen haben werden, soll mit der vorliegenden Arbeit exemplarisch ein innovatives und nachhaltiges

[4] Kleine Air-Conditioning Systeme: Als kleine Anlagen werden in der zugrunde liegenden Erhebung Kühlsysteme mit einer maximalen Kühlleistung von 12 kW bezeichnet [15, S.1]

Klimatisierungskonzept für Gebäude der trocken-heißen Gebiete aufgezeigt werden. Das innerhalb der Dissertation entwickelte Klimatisierungssystem kann als optimale Ergänzung für Gebäudetypologien gesehen werden, die in ihrer architektonischen Ausformung und in ihrer Materialwahl bestmöglich an trocken-heiße Klimate angepasst sind.

Als Grundlage für die Entwicklung neuer Ansätze wird von einem fiktiven Wohngebäude am arid-heißen Standort Assuan in Ägypten ausgegangen. Die mesoklimatischen Standortbedingungen der Region um Assuan können als klimatypisch eingestuft werden, weshalb der Standort stellvertretend für andere Städte der arid-heißen Zonen gesehen werden kann. Desweiteren ist unweit der Stadt Assuan ein städtebauliches Großprojekt geplant, dass die Ansiedlung von mehreren hunderttausend Menschen vorsieht, wodurch eine überaus hohe Realitätsnähe gegeben ist. Als Grundlage dieses Projektes soll der Tochka-Kanal[5] dienen, der vor wenigen Jahren vom Nasserstausee in Richtung der in der Wüste liegenden Stadt Tochka errichtet wurde.

Eine Reduktion des Energieverbrauchs durch aktive und passive Gebäudekühlsysteme setzt das Verständnis der Zusammenhänge von Architektur, Technologie und Klima voraus. Nur ein solches Verständnis ermöglicht es, neue Wege der effizienten Gebäudekonditionierung zu beschreiten und neue Systeme zu entwickeln. Im Sinne eines ganzheitlichen Konzeptes kann Innovation deshalb nur unter der Berücksichtigung der spezifischen klimatischen Standortfaktoren sowie der Gebäudenutzung entstehen.

Innerhalb der vorliegenden Arbeit werden aus diesem Grunde insbesondere die Zusammenhänge des thermischen Komforts aufgearbeitet und darauf aufbauend von der derzeitigen Gesetzgebung abweichende Erkenntnisse aufgezeigt, die wiederum die Grundlage für einen optimaler an vorhandene Gegebenheiten angepassten Kühlleistungsbedarf eines Gebäudes darstellen.

Schwerpunkte der vorliegenden Arbeit werden desweiteren in den Bereichen der Lüftungs- und Kälteerzeugungssysteme gesetzt, die wiederum als Grundlage für die weitere Bearbeitung des Themas dienen. Aufbauend auf den aufgezeigten und erarbeiteten Erkenntnissen erfolgt die Entwicklung eines innovativen Klimatisierungssystems auf der Basis von thermischer Solarenergie und einer

[5] Tochka-Kanal: Dieser Kanal wird auch als Kanal Cheikh Zayed bezeichnet.

darauf in Form von Simulationen aufbauenden qualitativen Beurteilung des Systems innerhalb eines exemplarischen Gebäudegefüges. Als Lösung der Problemstellung wird innerhalb der vorliegenden Dissertation ein neuartiges Klimatisierungssystem entwickelt. Dieses System kann als hoch innovativ eingestuft werden, da es eine Lücke innerhalb der bisher bekannten gebäudetechnologischen Systeme schließt. Einerseits ist die Nutzung von thermischer Solarenergie möglich, andererseits kann eine Kälteerzeugung trotz extremster Außentemperaturen im Unterschied zu anderen solarthermischen Systemen ohne Wasserverbrauch und ohne Rückkühlung über einen wasserverbrauchenden Nasskühlturm erfolgen.

1 Meteorologische Standortfaktoren

Die Gesamtheit aller meteorologischen Erscheinungen, die für den gemittelten Zustand der Erdatmosphäre an einem Ort verantwortlich sind, führen zum dort vorherrschenden Klima. Das Klima kann vereinfacht in drei Bereiche, das Makro-, das Meso- und das Mikroklima unterteilt werden. Unter dem Begriff Makroklima werden Großklimate verstanden, in denen auch großräumige Effekte Berücksichtigung finden. Mesoklimate fassen unterschiedliche Einzelklimate zusammen und weisen eine Größenordnung zwischen einigen hundert Metern bis wenigen hundert Kilometern auf. Als Mikroklimate werden Kleinklimate eines klar umrissenen Bereiches bezeichnet.

1.1 Makroklima arid-heißer Standorte

Ein trockenes heißes Klima definiert sich u.a. dadurch, dass die Wasserverdunstung über Pflanzen sowie über den Erdboden im Jahresmittel höher ist, als die mittlere jährliche Niederschlagsmenge [24, S.9; 26, S.12]. Allgemein liegen mehr als 30 % der Erdoberfläche in trocken-heißen Klimaregionen, in denen wiederum mehr als 1/3 der Gesamtbevölkerung leben. In Afrika findet sich mit ca. 18 Millionen Quadratmetern der größte zusammenhängende Teil der arid-heißen Zonen, welcher mehr als 60 % des Kontinents bedeckt. Im allgemeinen liegt die arid-heiße Zone zwischen dem 15ten und 30ten Breitengrad der Nord-, bzw. der Südhalbkugel und wird in dieser Region insbesondere durch die Passatwinde verursacht, welche vom Süd- und Nordwesten in Richtung Äquator laufen [1, S.8; 24, S.9; 26, S.13].

Während der Sommermonate liegen die mittleren maximalen Temperaturen am Tag bei t_{Max} = 40 °C - 49 °C. In der Sommernacht liegen die mittleren Minimaltemperaturen bei t_{Mittel} = 27 °C - 32 °C. Im Winter kann von täglichen maximalen Temperaturen von t_{Max} = 18 °C - 32 °C und nächtlichen Tiefsttemperaturen von t_{Min} = 10 °C - 20 °C [D; 22, S.22; 24, S.10] ausgegangen werden. Die Unterschiede der Temperaturen werden vom Breitengrad beeinflusst, die Beeinflussung wirkt sich jedoch stärker in den Wintermonaten aus [D; 24,S.9; 26,S.17]. Da es selten zu Wolkenbildungen kommt, ist die direkte solare Strahlung extrem hoch, was bedeutet, dass ca. 95 % der Strahlung die Erdoberfläche erreichen. Die Strahlung auf die Horizontale liegt im Mittel bei in etwa I_o = 800 W/m² - 900 W/m² [D; 24,S.9]. Im Unterschied zum tropischen Regenwald, in dem die jährliche Niederschlagsmenge bei ca. 2000 mm liegt und in manchen Regionen auf bis zu 5000 mm ansteigt, beträgt der durchschnittliche jährliche Niederschlag in den trocken-heißen Regionen nur in etwa 250 mm. In weiten Bereichen der arid-heißen Zonen fallen nur 50 - 150 mm, bzw. so gut wie kein Niederschlag.

1.2 Mikroklima in Assuan / Ägypten

Während des Sommers liegen die Temperaturen tagsüber bei ca. t_{Max} = 30 °C - 45 °C und sinken in der Nacht auf ca. t_{Min} = 20 °C - 30 °C ab. Im Winter liegen die Temperaturen tagsüber bei ca. t_{Max} = 20 °C - 25 °C, während der Nachtstunden fallen diese auf bis ca. t_{Min} = 7 °C ab [D; 24, S.10].

Die Globalstrahlung auf die Horizontale steigt in der Tagessumme im Sommer auf bis zu G = 1250 Wh/m^2 an. Im Winter liegt das Niveau der täglichen Globalstrahlung auf der Horizontalen im Mittel bei ca. G = 400 Wh/m^2 - 700 Wh/m^2 [D; 24, S.10].

An einem Sommertag beträgt die relative Luftfeuchte in Assuan ca. φ_L = 10 % - 20 %. In der Nacht steigt diese auf etwa φ_L = 25 % an. Im Winter liegt das Niveau der relativen Luftfeuchte am Tag bei φ_L = 20 % - 45 %, in der Nacht steigt dieses auf bis zu φ_L = 60 % an [D; 24, S.11].

Die Windgeschwindigkeiten betragen im Sommer sowie im Winter V_{10} = 4 m/s - 6 m/s. Die Hauptwindrichtung ist Norden. Tendenziell steigt die Windgeschwindigkeit mit einer Erhöhung der Temperatur leicht an [D; 24, S.11].

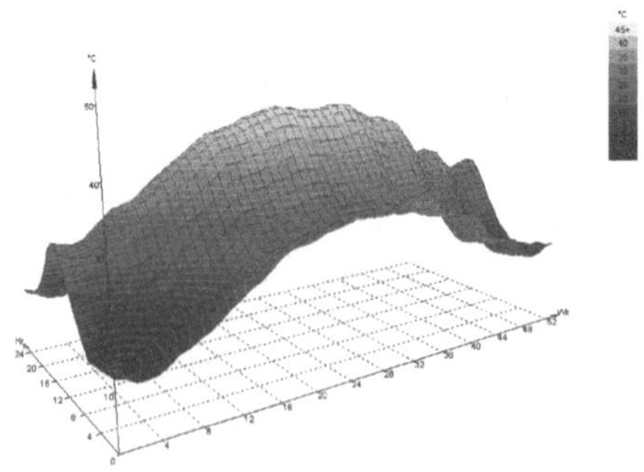

Abbildung 4: Lufttemperatur (°C), Wochendurchschnitt / Assuan [D; E; 24, S.10]

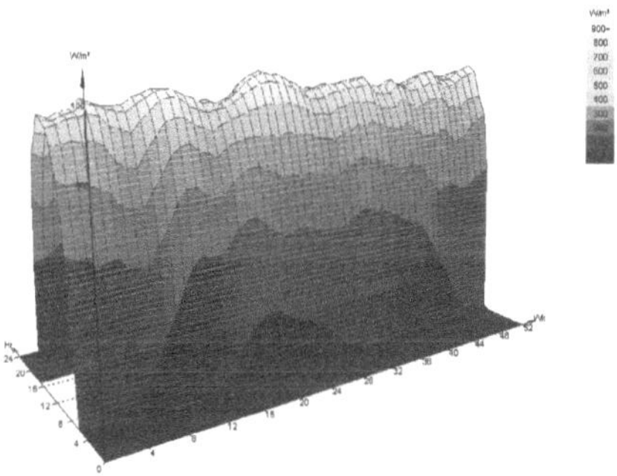

Abbildung 5: Direkte Solarstrahlung / horiz. (W/m²), Wochendurchschnitt / Assuan [D; E; 24, S.10]

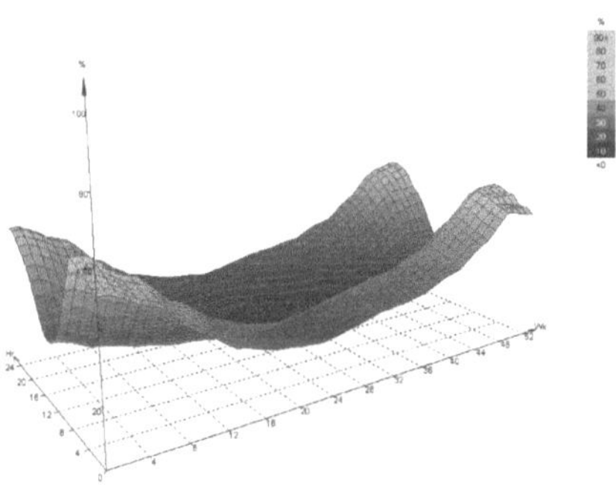

Abbildung 6: Relative Luftfeuchte (%), Wochendurchschnitt in Assuan [D; E; 24, S.11]

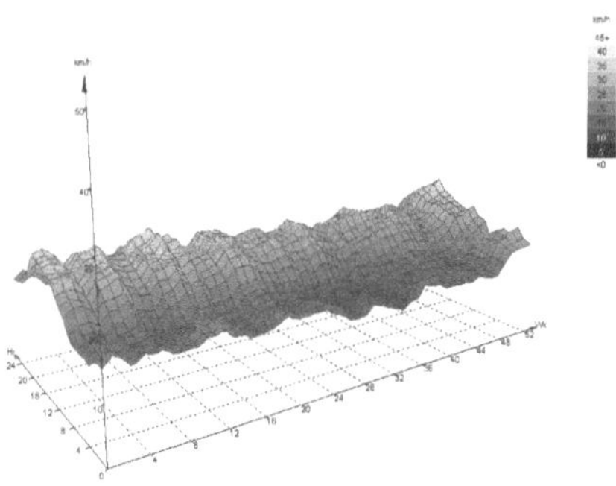

Abbildung 7: Rel. Windgeschwindigkeiten (km/h), Wochendurchschnitt in Assuan [D; E; 24, S.11]

1.3 Resultierende meteorologische Vorgaben

Im Zuge einer allgemeinen Betrachtung der meteorologischen Kennwerte des Planungsgebietes Assuan wird deutlich, dass die vorherrschenden klimatischen Bedingungen in der Mehrheit der Fälle in extremen Bereichen liegen. Diese stellen einerseits besonders hohe Ansprüche an ein Gebäude, bieten andererseits ein außerordentlich hohes Potential für die Entwicklung innovativer Technologien. In der weiteren Bearbeitung dienen die meteorologischen Daten als Grundlage für Entwurf, Entwicklung und Verifizierung aller Ergebnisse.

2 Bauliche Voraussetzungen

Eine Beeinflussung der Gebäudeinnenraumtemperatur kann in arid-heißen Gebieten aufgrund der besonders hohen solaren Einstrahlungswerte und der stark ausgeprägten Amplitude zwischen der maximalen und minimalen Tagestemperatur insbesondere über die Wahl des Baumaterials sowie über die Gebäudegeometrie erfolgen.

2.1 Gebäudeorientierung im Planungsgebiet

In Bezug auf die Wärmegewinne und -verluste eines Gebäudes lässt sich in Abhängigkeit von der baulichen Geometrie eine optimale Himmelsausrichtung bestimmen, die wiederum entscheidenden Einfluss auf die auftretenden Heiz- und Kühllasten hat.

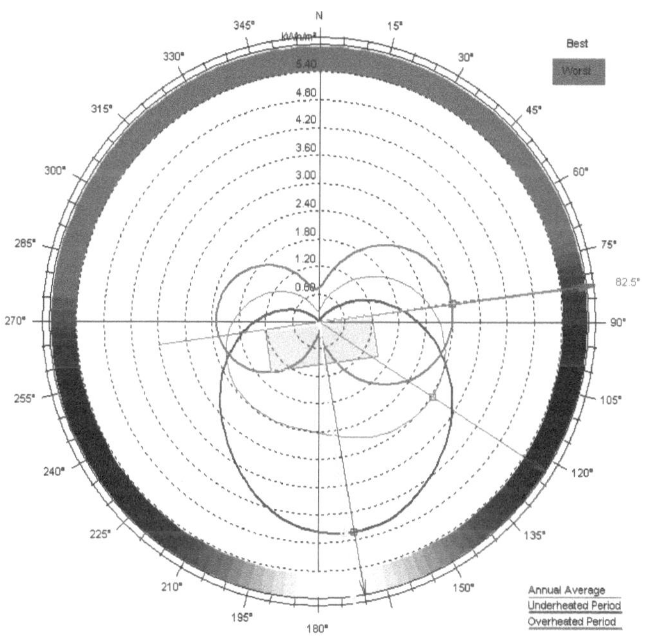

Abbildung 8: Optimale Gebäudeorientierung am Standort Assuan [D; E; 24, S.23]

Aus vorstehender Abbildung wird ersichtlich, dass am Standort Assuan eine Ausrichtung von α = 172,5 ° optimalste Voraussetzungen für eine möglichst ausgeglichene Heiz- und Kühllastverteilung schafft.

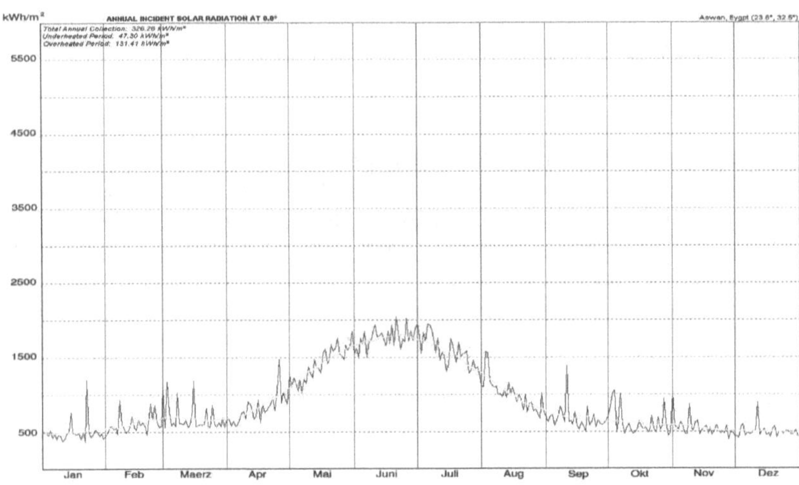

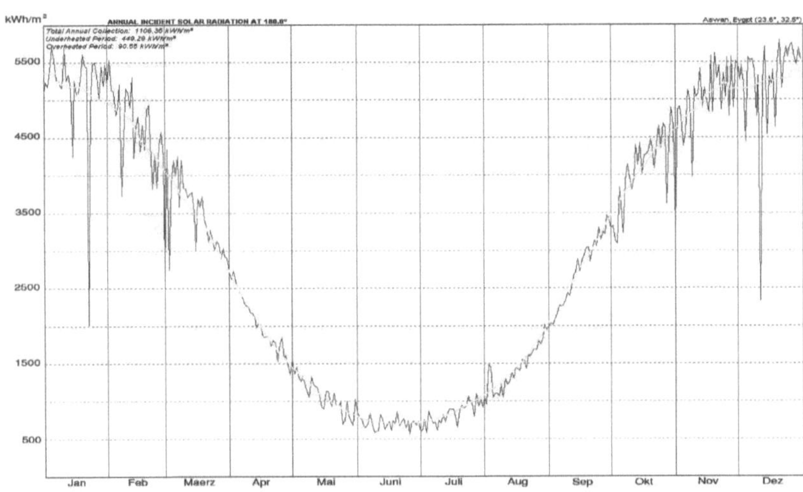

Abbildung 9: Qualitative Verteilung der direkten solaren Strahlungswerte in Assuan (Vertikale Fläche von 1m² bei α = 0 ° / Nordfassade und α = 180 ° / Südfassade) [D; E; 24, S.22]

Wie die solaren Einstrahlungswerte auf einer vertikalen Fassade am Standort Assuan auf einer nord-, bzw. südorientierten Fassade aussehen, kann Abb. 9 entnommen werden. Deutlich zeigt sich, dass eine optimale Gebäudegeometrie am Standort Assuan zu einem Baukörper mit einem proportional geringerem Anteil von ost- und westorientierten Flächen führen sollte [24, S.22ff].

2.2 Gebäudebauteile unter Berücksichtigung klimatischer Aspekte

Um im Verlauf eines Tages eine effiziente Abfuhr der Wärmelasten zu gewährleisten, ist es notwendig, auftretende Spitzenlasten nicht direkt abzuführen, sondern auch zwischenzuspeichern und zu späterer Stunde wieder abgeben zu können. Dies kann z.B. durch die Einlagerung von Wärme in Materialien mit hoher Wärmespeicherkapazität erfolgen. Die zwischengespeicherte Wärme kann zu einem späteren Zeitpunkt in Form eines nächtlichen Durchspülens mit kühler Nachtluft abgeführt werden. Als typische Speicherflächen können die Gebäudewände sowie die Decken betrachtet werden. Sofern diese tagsüber als Wärmespeicher genutzt werden und während der Nachtstunden thermisch entladen werden, ist bei einschichtigen Konstruktionen zu beachten, dass sich aus den wechselnden Wärmebelastungen im Zusammenhang mit dem Wärmeeindringkoeffizienten eine neutrale, nicht mehr nutzbare Zone im Inneren des Bauteils ausbilden kann. Das bedeutet, dass auch eine Erhöhung der Materialstärke bei täglichen Temperaturbe- und entladungen zu keiner weiteren Dämpfung der Innenraumtemperatur führt. Eine weitere Dämpfung der maximalen Innenraumtemperatur ist nicht möglich, da der in der Mitte liegende Bereich einer einschichtigen Konstruktion im Rhythmus von 24 Std. nicht mehr angesprochen wird und sich im mittleren Bereich des Bauteils eine Durchschnittstemperatur einpendelt [I 8; 24, S.29].

Um eine für den Standort Assuan optimale Außenwandstärke zu ermitteln, wurde eine einfache thermisch-dynamische Simulation der Innenraumtemperatur vorgenommen:
Simuliert wurde ein kleines zweigeschossiges Gebäude mit den Außenabmessungen von 4,5 m x 4,5 m x 6 m. Im Erd- sowie im Obergeschoss befinden sich jeweils zwei Räume mit einem Nordfenster. Ein Fenster weist eine Größe von 10 % der angeschlossenen Grundfläche auf. Als interne Lasten wurden zwischen t_h = 22 h - 6 h von einer schlafenden Person (sensible Wärmeabgabe: Q = 40 W/m^2 [14, S.41; 24, S.31]) und im Zeitraum von t_h = 6 h - 22 h von einer Person bei leichter Tätigkeit (sensible Wärmeabgabe: Q = 60 W/m^2 Körper-

oberfläche[6] [14, S.41; 24, S.31]), sowie einer permanenten thermischen Last[7] von Q = 20 W/m² ausgegangen. Die Fenster wurden als dauerhaft geschlossen angenommen, der Luftwechsel wurde mit n = 4 h^{-1} angesetzt. Die Wetterdaten der letzen 20 Tage vor dem Berechnungszeitraum fließen in die Simulation mit ein. Die Decken werden aus 16 cm Beton, die Fenster aus 3 mm Floatglas, die Außen- und Innenwände aus Lehmsteinen in verschiedenen Stärken, bzw. in Form einer hinterlüfteten Konstruktion angenommen. Die Hinterlüftung wird mit 50 mm angesetzt. Aus Tab. 1 lassen sich die theoretischen maximalen und minimalen Innenraumlufttemperaturen für einen Sommer- und einen Wintertag entnehmen. In beiden Fällen (Tag d = 29 und Tag d = 175) handelt es sich um typische wolkenfreie Tage.

Wandstärke D	$t_{Min\,Innen}$ Winter*	$t_{Max\,Innen}$ Winter*	$t_{Min\,Innen}$ Sommer*	$t_{Max\,Innen}$ Sommer*
150 mm	10,75 °C	19,41 °C	31,48 °C	40,14 °C
250 mm	12,18 °C	18,87 °C	33,01 °C	39,47 °C
300 mm	12,55 °C	18,97 °C	33,25 °C	39,65 °C
350 mm	12,81 °C	19,22 °C	33,31 °C	39,89 °C
400 mm	13,00 °C	19,47 °C	33,01 °C	39,83 °C
450 mm	13,13 °C	19,71 °C	33,19 °C	40,19 °C
100 / 50 / 250 mm	13,11 °C	19,60 °C	33,49 °C	40,27 °C

Tabelle 1: Simulation der auftretenden Innenraumtemperaturen bei unterschiedlichen Wandaufbauten [A; B; D; 24, S.31]

Deutlich zeigt sich im Winterfall, dass eine höhere Bauteilmasse aufgrund einer verbesserten Dämmwirkung zu einer höheren Innenraumtemperatur führt. Während der Wintermonate ist eine große Bauteilstärke mit daraus resultierender hoher Masse von Vorteil. Im Sommerfall zeigt sich, dass eine große Bauteilmasse zu hohen Innenraumtemperaturen führt, sofern keine nächtliche Durchlüftung vorhanden ist. Eine zusätzliche, außenliegende Dämmung, die im Winter von Vorteil wäre, würde eine nächtliche Abkühlung weiter verringern. Im Falle einer monolithischen Lehmwand zeigt sich, dass am Standort Assuan eine Bauteilstärke von etwa D = 400 mm als optimaler Kompromiss zwischen den Anforderungen der Winter- und der Sommermonate gesehen werden kann [24, S.31].

[6] Körperoberfläche: Es wird von einer durchschnittlichen erwachsenen Person ausgegangen, die über eine Körperoberfläche von etwa A = 1,8 m² verfügt.

[7] Thermische Last: Permanente Last elektrischer Verbraucher

2.3 Resultierende bauliche Vorgaben

Wie sich in Kap. 2 gezeigt hat, haben insbesondere die Gebäudeorientierung und die Wahl der Baumaterialien sowie der konstruktive Aufbau einer Außenwand einen grundlegenden Einfluss auf resultierende Innenraumtemperaturen. In Abhängigkeit zu diesen Entscheidungen ist demnach mit mehr oder weniger stark ausgeprägten Über- und Untertemperaturen der Gebäudeinnenräume zu rechnen. Die ober- oder unterhalb der Komfortgrenzen liegenden Temperaturen müssen demnach durch eine zusätzliche, an die Standortbedingungen angepasste Heizung oder Kühlung kompensiert werden. Um eine möglichst effiziente thermische Innenraumkonditionierung zu gewährleisten und insbesondere die Laufzeiten einer aktiven Kühlung auf ein Minimum zu reduzieren, werden die Erkenntnisse dieses Kapitels bei der Konzeption eines prototypischen Gebäudes in Kap. 10 Berücksichtigung finden. Allgemein kann darauf hingewiesen werden, dass eine optimale Gebäudeorientierung in Verbindung mit angepassten Baumaterialien für alle Standorte der trocken-heißen Zonen als Grundlage eines klimagerechten Entwurfes gesehen werden muss.

3 Thermischer Komfort

Nach *DIN EN ISO 7730*[8] ist eine thermische Behaglichkeit als das Gefühl definiert, dass Zufriedenheit mit dem Umgebungsklima ausdrückt. Die amerikanische Norm *ASHRAE*[9] *Standart 55* definiert einen thermischen Komfort vergleichbar als: „*That condition of mind in which satisfaction is expressed with the thermal environment*" [12, S.3; 21, Chapt. 8.16]. Aufgrund individueller Unterschiede kann kein Umgebungsklima festgelegt werden, das alle in einem Innenraum befindlichen Personen zufrieden stellt. Es ist demnach nicht möglich, von „dem Komfort" schlechthin zu sprechen [24, S.12].

Die derzeit in Deutschland gültigen Normen *DIN EN ISO 7730* , *DIN EN 13779*[10], die erst im August des Jahres 2007 in Kraft getretene *DIN EN 15251*[11] und beispielsweise der in Amerika gültige *ASHRAE Standard 55* gehen deshalb davon aus, dass erst dann von einem thermischen Komfort gesprochen werden kann, wenn ein Mindestprozentsatz der in einem Raum befindlichen Personen das Innenraumklima als angenehm empfinden.

3.1 Thermische Empfindungen

Ursachen für die unterschiedlichen Empfindungen eines jeden Einzelnen wurden beispielsweise durch *Mc Pherson*[12] in unterschiedlichen physiologischen sowie physikalischen Begleitumständen definiert [12, S.4]. Als physikalische Ursachen legte er die Lufttemperatur, die Luftfeuchte, die Luftgeschwindigkeit, die mittlere Strahlungstemperatur und die Bekleidungsrate fest. Als individuelles Kriterium bestimmte er den Metabolismus. In anderen Quellen werden desweiteren die Körpergröße, das Körpergewicht, das Geschlecht und die Aktivitätsrate als zusätzliche physiologische Faktoren aufgeführt [24, S.12].

[8] DIN EN ISO 7730: Ergonomie der thermischen Umgebung – Analytische Bestimmung und Interpretation der therm. Behaglichkeit durch Berechnung des PMV- und des PPD-Indexes und Kriterien der lokalen thermischen Behaglichkeit

[9] ASHRAE: American Society of Heating, Refrigerating and Air-Conditioning Engineers

[10] DIN EN 13779: Lüftung von Nichtwohngebäuden - Allgemeine Grundlagen und Anforderungen für Lüftungs- und Klimaanlagen und Raumkühlsysteme. Die seit 2005 gültige Norm ersetzt die vormals gültige Norm DIN 1946-2.

[11] DIN EN 15251: Eingangsparameter für das Raumklima zur Auslegung und Bewertung der Energieeffizienz von Gebäuden – Raumluftqualität, Temperatur, Licht und Akustik

[12] Mc Pherson E. Gregory: Fachautor diverser Publikationen zum Thema Thermischer Komfort / Hitzestress

Allgemein kann hierzu angemerkt werden, dass ein Raumklima individuell als thermisch behaglich betrachtet wird, wenn das körpereigene vasomotorisch-thermische Regelsystem nur geringfügig beansprucht wird. Eine solche Beanspruchung hängt von der Wärmebilanz des Körpers ab, welche sich wie folgt darstellt [24, S.12]:

$$R + C = H_l + E_{diff} + E_{rl} + E_{sw} + E_{rs}$$

R radiative Wärmeverluste über die Kleidung
C konvektive Wärmeverluste über die Kleidung
H_l innere Wärmeproduktion
E_{rl} latente Wärmeabgabe über die Atemluft
E_{sw} Wärmeverluste infolge von Schwitzen
E_{rs} sensible Wärmeverluste der Atmung

Für eine Messung der thermischen Empfindung wird in der Regel die 7 Punkte Skala nach ASHRAE oder Fanger[13] angewandt. Beide Einordnungen basieren auf der gleichen Berechnungsgrundlage [12, S.5; 24, S.13]:

$$PPD = 100\,\% - 95\,\% * e^{[-PMV^2/4{,}1 - 0{,}6 * |PMV|]}$$

	kalt	kühl	leicht kühl	neutral	leicht warm	warm	heiß
ASHRAE	1	2	3	4	5	6	7
FANGER	-3	-2	-1	0	1	2	3

Tabelle 2: Vergleich der Komforttabellen von Fanger und ASHRAE

Die Skalen beziehen sich auf eine von Fanger abgeleitete Gleichung, die den anzunehmenden mittleren Prozentsatz der zufriedenen Personen *„PMV"* (**P**redicted **M**ean **V**ote) und anzunehmenden mittleren Prozentsatz der unzufriedenen Personen *„PPD"* (**P**redicted **P**ercentage of **D**issatisfied) beschreibt [12, S.5; 24, S.13].

[13] Fanger P. Ole (†2006): Dänischer Ingenieur und Professor an der Syracuse University NY-US sowie am „Int. Centre for Indoor Environment and Energy" der Technischen Universität Lyngby DK. Fanger führte die Maßeinheit „Olf" ein.

Der PMV geht von durchschnittlichen Randbedingungen aus, welche sich innerhalb folgender Schwankungsbereiche bewegen sollten [12, S.131; 24, S.13]:

- Metabolismus: M = 46 - 232W $^{-2}$ (0,8 - 4met)
- Bekleidungsniveau: I_{cl} = 0 - 0,31m^2 °C W^{-1} (0 - 2clo)
- Lufttemperatur: t_{RL} = 10 - 30 °C
- Mittlere Strahlungstemperatur: t_{Str} = 10 - 40°C
- Luftgeschwindigkeit: V_h = 0 - 1m/s
- Dampfdruck: e = 0 - 2700Pa

Der Metabolismus steht für die Stoffwechselrate einer Person, wobei 1met in etwa 58,15 W/m^2 [24, S.13; 37, S.113] entsprechen. Die durchschnittliche menschliche Körperoberfläche beträgt in etwa A = 1,8 m^2, woraus sich in etwa M = 105 W pro Körperoberfläche ergeben. Das Bekleidungsniveau wird als clothing-level (clo) definiert, wobei 1clo ca. 0,16 m^{2}K/W entspricht [14, S.112; 24, S.13].

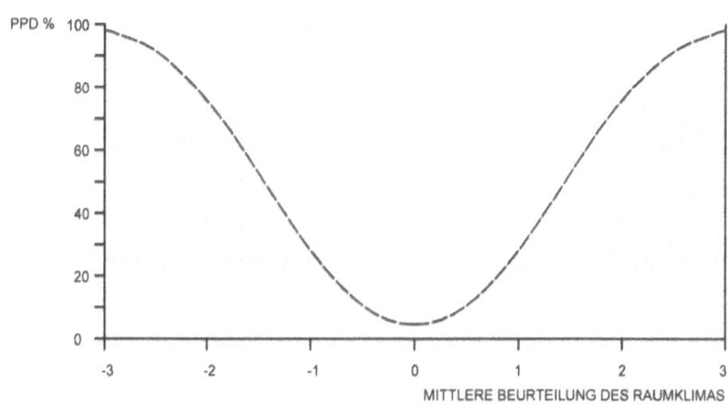

Abbildung 10: Skala *PMV* / *PPD* nach Fanger [12, S.48]

Ein Anstieg des Bekleidungsniveaus von z.B. 0 clo auf 1,5 clo gleicht jedoch nicht immer eine identische Temperaturdifferenz zwischen der Umgebungstemperatur und der optimalen Temperatur aus. Eine Differenz von 1,5 clo kann z.B. bei einer sitzenden Person ca. T = 8 K und bei einer schwer arbeitenden

Person bis zu 19 K ausgleichen [22; S.4; 24, S.13].Bei der thermischen Beurteilung eines Innenraumes muss davon ausgegangen werden, dass ein thermisches Umfeld in keinem Falle von allen in einem Raum befindlichen Personen als optimal (neutrale Bewertung) angesehen wird, sondern immer ein Prozentsatz an unzufriedenen Personen vorhanden ist. Dieser Zusammenhang kann Abb. 10 entnommen werden [24, S.13].

3.2 Biologische Abhängigkeiten des thermischen Komforts

Allgemein kann festgehalten werden, dass eine zu hohe Umgebungstemperatur zu einem Anstieg der Hauttemperatur (t_H = 32 °C - 34 °C) und im weiteren zu einer Erhöhung der Körperkerntemperatur (t_{Kk} = 36,7 °C $\pm$ 0,8 °C) führt. Im Falle einer zu hohen Körperkerntemperatur wird ein Temperaturausgleich des menschlichen Körpers insbesondere über eine erhöhte Durchblutung der Gefäßnetze (Vasodilation) geregelt [I 6; 24, S.16].

Sofern eine erhöhte Vasodilation nicht zu einem Ausgleich der Wärmebilanz führt, wird vom Körper zusätzlich Schweiß auf der Hautoberfläche (Cutis) abgegeben, um über eine direkte Verdunstung einen Kühleffekt herbeizuführen. Eine sofortige Verdunstung und somit direkte Körperkühlung ist meist nur möglich, wenn der abgegebene Schweiß keine größere Fläche als etwa A = 25 % der Cutis bedeckt. Die Höhe des Hautbenetzungsgrades wird über den Wert W_{max}[14] ausgedrückt. Die Höhe der Schweißabgabe über den S_w-Wert[15] ausgedrückt. Die Höhe der Schweißabgabe kann zwischen ca. m = 20 g/h und ca. m = 3 kg/h liegen [22, S.44; 24, S.16]. Die Schweißbildung ist ebenso von der umgebenden Luftfeuchte abhängig. So setzt die Schweißbildung bei einer durchschnittlich gekleideten Person und einer relativen Luftfeuchtigkeit von φ_L = 60 % bei einer Lufttemperatur von ca. t_{RL} = 25 °C ein. Einer Verdunstung von Schweiß sind bei gleichbleibenden räumlichen Randbedingungen Grenzen gesetzt, da als Basis ein Dampfdruckgefälle innerhalb des Raumes benötigt wird. Bei einer negativen Wärmebilanz erfolgt in umgekehrter Weise eine Reduktion der Hautdurchblutung, was zu einem geringerem Wärmeverlust führt.

[14] W_{max} und S_w nach DIN EN ISO 7933: Ergonomie der thermischen Umgebung - Analytische Bestimmung und Interpretation der Wärmebelastung durch Berechnung der vorhergesagten Wärmebeanspruchung

[15] S_w-Wert: Nach DIN EN ISO 7933 beträgt der maximale Hautbenetzungsgrad 0,85 für nicht akklimatisiertre und 1,0 für klimaadaptierte Personen.

3.3 Richtlinien des thermischen Komforts

Aufgrund des höheren Forschungs- und Entwicklungsstandards soll in dieser Ausarbeitung insbesondere auf europäische Regelwerke eingegangen werden. Die Übertragbarkeit der Aussagen auf das Planungsgebiet wird in Kap. 3.4 dargelegt. Die derzeit in Deutschland geltende Arbeitsstättenrichtlinie geht von einer auf die Außentemperatur bezogenen maximalen Innenraumtemperatur von $t_{RL} = 26\ °C$ aus, die bei einer Erhöhung der Außentemperatur über den Maximalwert auch überschritten werden darf. Ebenso gibt *DIN EN ISO 7730* thermische Behaglichkeitsgrenzen vor, zwischen denen sich eine Innenraumlufttemperatur bewegen sollte. Diese stellen sich wie folgt dar:

$$20{,}0\ °C \leq t_{RL} \leq 24{,}0\ °C \quad \text{(Luftgeschwindigkeit: 0,16 m/s) - Winterfall}$$
$$22{,}5\ °C \leq t_{RL} \leq 25{,}5\ °C \quad \text{(Luftgeschwindigkeit: 0,19 m/s) - Sommerfall}$$

Das eine allgemeine Relation zwischen der Außentemperatur eines Umfeldes und der Innentemperatur eines Gebäudes besteht, wurde beispielsweise durch *Humphrey*[16] sowie *Auliciemes*[17] belegt [12, S.6; 24, S.14].

$$\text{Humphrey: } t_n = 11{,}9 + 0{,}534 * t_m \text{ [18]}$$
$$\text{Auliciemes: } t_n = 17{,}6 + 0{,}314 * t_m$$

Humphrey sowie *Auliciemes* gehen davon aus, dass die neutrale Temperatur (t_n) in einem Gebäude, wie sie von einem Nutzer wahrgenommen wird, entsprechend der mittleren Außentemperatur (t_m) schwankt [12, S.6; 24, S.14]. *Szokolay*[19] ergänzte die An-gaben *Auliciemes* um eine Schwankungsbreite von

[16] Prof. Humphreys M.: Erimitierter Professor der Oxford Brookes University, „Oxford Institute for sustainable development"; Architecture, Culture and Technology Group (ACT): Architecture Unit

[17] Auliciemes A.: Autor diverser Fachpublikationen zu den Themengebieten Innenraumklima und Thermischer Komfort

[18] In Quelle [13] findet sich abweichend zu Quelle [12] folgende Angabe: $T_n = 2{,}6 + 0{,}831 * T_m$

[19] Szokolay S.V.: Forscher und Autor diverser Fachpublikationen, wie u.a. dem Standardwerk: Manual of Tropical Housing and Building / Part 1 Climatic Design; 1974 (Koenigsberger, Ingersoll, Mayhew und Szokolay)

$T = \pm$ 2K, bei einer relativen Feuchte von ca. 50 % [12, S.13; 24, S.14]. Auch die *DIN EN 15251* baut auf diesen Erkenntnissen auf, unterscheidet zusätzlich zwischen klimatisierten und nicht klimatisierten Gebäuden. Sie stellt folgende Zusammenhänge für neutrale Innenraumtemperaturen dar:

Gebäude ohne Klimatisierung: $t_n = 18{,}8 + 0{,}33 * t_m$

Gebäude mit Klimatisierung: $t_n = 22{,}6 + 0{,}09 * t_m$

Eine Berücksichtigung der mittleren Außentemperaturen erfolgt ebenfalls in *DIN 4108*[20], die in ihrem Aufbau von sogenannten Sommerklimazonen ausgeht, die sich in sommerkühl, gemäßigt und sommerheiß unterteilen. In der Sommerheißen Zone wird eine maximale Grenztemperatur von $t_{RL,Max} = 27$ °C, bei einem Höchstwert der monatlichen mittleren Außentemperatur von $t_m \geq 18$ °C angesetzt. Die maximale Grenztemperatur darf in bis zu 10 % der Fälle überschritten werden.

Innerhalb des CEN-Reports[21] *CR 1752* wurden thermische Behaglichkeitszonen zusätzlich in Abhängigkeit zur Aktivitätsrate und des Bekleidungsniveaus definiert.
So ist in einem Gebäude beispielsweise im Sommer eine maximale Innenraumtemperatur von bis zu $t_{RL,Max} = 27{,}5$ °C ($t_{RL,Max} = 26$ °C plus erlaubte Abweichung von $T = 1{,}5$ K) zulässig, sofern von einem geringen Aktivitätsniveau ($M \approx 1$ met)[22] und leichter Sommerbekleidung ($I_{cl} \approx 0{,}6$ clo) ausgegangen werden kann.

Ebenfalls kann eine thermische Beurteilung von Gebäudeinnenräumen in Abhängigkeit zur mittleren Außentemperatur nach *DIN EN 15251* vorgenommen werden. Die Anwendung der Richtlinie setzt jedoch voraus, dass Gebäude weder maschinell gekühlt noch beheizt werden können, eine Lüftung über Fenster o.ä. möglich ist, innerhalb des Gebäudes nur leichte Tätigkeiten ausgeübt werden (z.B. Büronutzung) und eine Anpassung des Bekleidungs- an das vorherrschende Temperaturniveau möglich ist. Die Richtlinie geht hierbei

20 DIN 4108: Wärmeschutz und Energie-Einsparung in Gebäuden

21 CEN - Comité Européen de Normalisation: Europäisches Komitee für Normung

22 Eine sitzende Tätigkeit entspricht beispielsweise einem Metabolismus von etwa $M \approx 1$ met

von drei unterschiedlichen strengen Niveaus aus und bietet einen wesentlich größeren Spielraum für vorhandene Temperaturschwankungen, als die zuvor genannten Richtlinien. Als anzustrebendes Niveau wird Kategorie II[23] angesetzt.

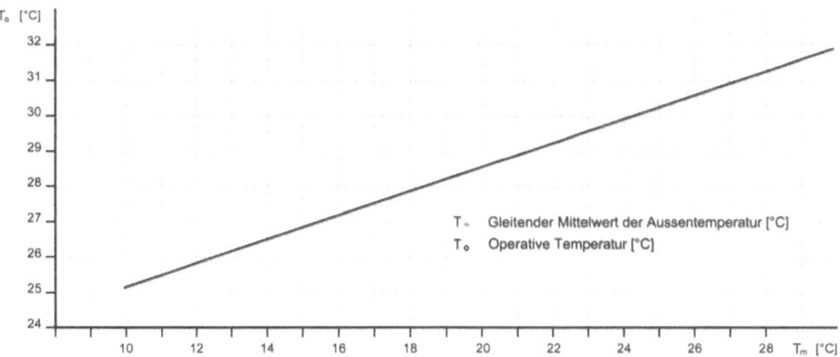

Abbildung 11: Operative Innentemperaturen von Gebäuden ohne mechanische Kühlung in Abhängigkeit zur mittleren Außentemperatur des Standortes nach *DIN EN 15251* (Kategorie II)

Die seit 2002 geltende Niederländische Richtlinie *ISSO-74:2005*[24] stellt sicherlich den am weitesten entwickelten adaptiven Komfortstandard dar. In der Gleichung werden jeweils die Temperaturen der letzten drei Tage berücksichtigt [33, S.21]:

$$\Theta_{e,\,2.4} = \frac{(\Theta_{e,\,d} + 0{,}8 * \Theta_{e,\,d,\,gestern} + \Theta_{e,\,d} + 0{,}4 * \Theta_{e,\,d,\,vor\,2\,Tagen} + 0{,}2 * \Theta_{e,\,d,\,vor\,3\,Tagen})}{2{,}4}$$

Mit dieser Richtlinie können die Zusammenhänge des Komforts in natürlich belüfteten Gebäuden unter der Berücksichtigung der Vortagestemperaturen und der gemittelten monatlichen Außentemperatur betrachtet werden.

[23] Kategorie II nach DIN EN 15251 : Der therm. Zustand des Körpers wird innerhalb der Kategorie wie folgt definiert: PPD < 10 ; -0,5 < PMV <+0,5

[24] ISSO-74:2005: Thermische behaaglijkheid (Niederländische AGT Richtlinie)

3.4 Thermische Adaptation

Die Adaptation an ein vorherrschendes Klima ist von entscheidender Wichtigkeit, da es keinerlei signifikante Unterschiede in der Temperaturempfindung von Menschen unterschiedlicher Klimaregionen gibt [12, S.48; 24, S.19] D.h., dass die unterschiedlich schnelle Schweißbildung, wie sie bei Bewohnern deutlich ungleicher Klimata aufritt, nur auf Adaptation zurückzuführen ist. Nach *DIN EN ISO 7933*[25] kann davon ausgegangen werden, dass die maximale Schweißrate (S_w) bei akklimatisierten Personen im Mittel um 25 % höher ist, als bei Menschen, die nicht an ihr Umfeld adaptiert sind. Dieser Umstand kann auf eine daraus resultierende geringere Belastung der Herz-Kreislaufbahn sowie auf eine niedrigere Körperkerntemperatur zurückgeführt werden. Adaptation besteht indes aus drei Komponenten [24, S.19; 34, S.22]:

- *physiologische Adaptation*
- *psychologische Anpassung*
- *angepasstes Verhalten*

Die physiologische Anpassung wird allgemein auch als Akklimatisation bezeichnet und tritt ein, sobald sich eine Person längere Zeit in der gleichen Klimaregion aufhält. Nach *Koenigsberger*[26] tritt eine Akklimatisation nach ca. 30 Tagen auf [22, S.46; 24, S.19]. Die psychologische Adaptation baut auf gewonnenen Erfahrungen auf und die Verhaltensadaptation führt zu unbewussten oder bewussten Handlungen, die der Verbesserung der thermischen Umgebung dienen. Eine Adaptation führt neben der veränderten Empfindung auch zu einem angepassten Nutzerverhalten. Vergleichende Untersuchungen der thermischen Empfindung von Nutzern eines natürlich belüfteten Bürogebäudes, welches thermischen Schwankungen unterliegt und den Empfindungen von Nutzern eines mechanisch belüfteten Bürogebäudes zeigten folgende Ergebnisse [24, S.20; 34, S.24ff]:

[25] DIN EN ISO 7933: Ergonomie der thermischen Umgebung - Analytische Bestimmung und Interpretation der Wärmebelastung durch Berechnung der vorhergesagten Wärmebeanspruchung

[26] Koenigsberger O. H.: Forscher und Autor diverser Fachpublikationen, wie u.a. dem Standardwerk: Manual of Tropical Housing and Building / Part 1 Climatic Design; 1974 (Koenigsberger, Ingersoll, Mayhew und Szokolay)

Innerhalb beider Gebäude lag das mittlere Niveau der Aktivität bei ca. $M = 1{,}2$ met. Das Bekleidungsniveau schwankte im mechanisch belüfteten Gebäude zwischen $I_{cl} = 0{,}7$ clo - 0,92 clo. Innerhalb des natürlich belüfteten Gebäudes lag der Wert des Bekleidungsniveaus bei $I_{cl} = 0{,}66$ clo - 0,93 clo. Innerhalb des Gebäudes mit natürlicher Lüftung kam es demnach zu einer etwas stärkeren Ausprägung des angepassten Nutzerverhaltens. In beiden Gebäuden konnte erwartungsgemäß eine Abhängigkeit zwischen der optimalen Innenraumtemperatur und der Außentemperatur nachgewiesen werden. Betrachtet wurde u.a. die Sensibilität gegenüber einer Abweichung von der optimalen Innenraumtemperatur (t_o), die sehr interessante Ergebnisse lieferte. Eine neutrale thermische Empfindung (E_T) stellte sich folgendermaßen dar [24, S.20; 34, S.23]:

$$\textit{Mechanisch belüftet:} \quad E_T = 0{,}51 * t_o - 11{,}96$$
$$\textit{Natürlich belüftet:} \quad E_T = 0{,}27 * t_o - 6{,}65$$

Nutzer eines mechanisch belüfteten Gebäudes sind demnach bezogen auf ihre thermische Empfindung wesentlich sensibler gegenüber Abweichungen von der optimalen Temperatur, als Nutzer eines Gebäudes mit natürlicher Ventilation. Nach *Fanger* steht $E_T = 0$ für eine neutrale, also thermisch optimale Empfindung (t_o). Ein Adaptationsprozess gegenüber natürlichen Temperaturschwankungen führte bei den Nutzern des Gebäudes demnach zu einer größeren Akzeptanz gegenüber der von *Szokolay* mit $T = \pm 2$ K festgelegten maximalen Abweichung von der optimalen Temperatur. Vergleicht man beide Gebäude bspw. bei einer Innenraumtemperatur von $t_{RL} = 19{,}5$ °C zeigt sich folgende Beurteilung [24, S.20]. Die Nutzer des natürlich belüfteten Gebäudes würden die operative Temperatur[27] nur als etwas kühl empfinden, die Nutzer des mechanisch belüfteten Gebäudes als eindeutig zu kühl. Der Vergleich eines vorab theoretisch berechneten *„PMV"*- Beurteilung und darauf basierenden Akzeptanzanalyse zeigte in beiden Gebäuden ebenfalls eindeutige Hinweise auf vorhandene Adaptationsprozesse [24, S.20; 34, S.25].

[27] Operative Temperatur: Innenraumtemperatur nach DIN EN 15251, die eine maximale Anzahl von Personen wahrscheinlich als annehmbar empfinden wird.

Wie nachfolgend dargelegt, sind die Werte des zuvor rechnerisch vorhergesagten *„PMV"* und der tatsächlichen Akzeptanz der Nutzer innerhalb eines Gebäudes mit mechanischer Belüftung nahezu identisch. Im natürlich belüfteten Gebäude kommt es hingegen zu klaren Abweichungen.

Mechanisch belüftet (PMV): $0{,}51 * 19{,}5\,°C - 11{,}96 = 2{,}02$

Natürlich belüftet (PMV): $0{,}27 * 19{,}5\,°C - 6{,}65 = 1{,}39$

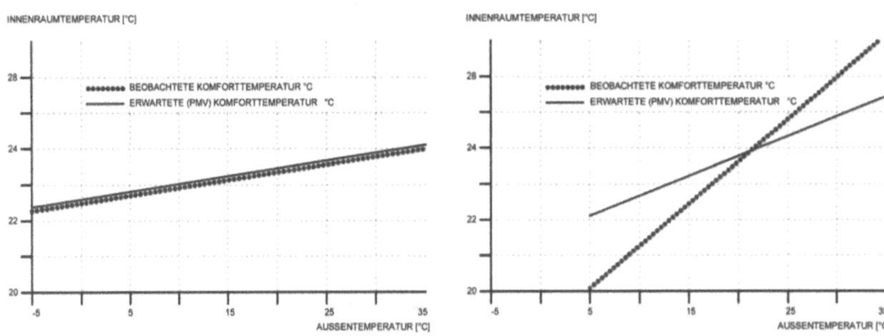

Abbildung 12: Vergleich von berechneter und beobachteter Temperatur bei mechanischer Be- und Entlüftung (links) und natürlicher Gebäudelüftung (rechts) [24, S.20; 34, S.25]

Da das Bekleidungsniveau, wie auch die Luftgeschwindigkeit, in dem natürlich belüfteten Gebäude im Vergleich zu dem mechanisch belüfteten Bauwerk stärker schwankten, konnten ca. 50 % der Abweichung durch diesen Unterschied begründet werden. Die verbleibenden 50 % konnten nur durch Adaptationsprozesse begründet werden [24, S.20; 34, S. 26].

3.5 Resultierende thermische Vorgaben

Bei der Betrachtung der verschiedenen Richtlinien kann eine grundlegende Tendenz, jedoch keine direkte Übereinstimmung festgestellt werden. Anhand diverser Untersuchungen wird jedoch deutlich, dass adaptive Prozesse sich direkt auf die thermische Empfindung auswirken. Insbesondere wird ersichtlich, dass eine konstante Innenraumtemperatur wahrscheinlich durch unterschiedliche, in Abhängigkeit zu den Außentemperaturen geregelte Temperaturen ersetzt werden können, ohne dass es zu einer Einbuße des thermischen Komforts kommt. Die nachfolgende Tabelle 3 und Abbildung 13 [D/E] zeigen u.a. die mittleren, die minimalen und die maximalen Temperaturen im Planungsgebiet [24, S.14f]. Uhrzeiten, die nach *Fanger* als komfortthermisch zu kalt anzusehen sind, wurden blau, als etwas zu kühl hellblau, als neutral weiß, als etwas zu warm orange und als zu warm rot hinterlegt. Eine Berechnung des PMV erfolgte mit dem Computerprogramm *„Thermal Comfort Meter"* [F; 24, S.14f].

Das Bekleidungsniveau wurde jeweils unterschiedlich definiert, um einem „angepassten Verhalten" gerecht zu werden. Im Falle einer thermisch zu kalten bzw. zu kühlen Empfindung wurde das Bekleidungsniveau mit I_{cl} = 1,5 clo, bei einer etwas zu kühlen, neutralen und etwas zu warmen Empfindung mit I_{cl} = 1,0 clo, und im Falle einer zu warmen, bzw. zu heißen Empfindung mit I_{cl} = 0,5 clo angenommen. Die Luftgeschwindigkeit wurde mit V_h = 0,19 m/s angesetzt [24, S.14f].

Wie in Kap. 3.4 dargelegt, stellt sich bei Nutzern von natürlich belüfteten Gebäuden eine sehr enge Relation zwischen der Außen- und der optimalen Innentemperatur ein. Auf der Grundlage dieser Erkenntnisse soll in der vorliegenden Dissertation ein Berechnungsverfahren zu Grunde gelegt werden, dass nicht Konform mit geltenden Regelwerken ist, sondern auf den zuvor gewonnenen Erkenntnissen aufbaut. Insbesondere soll ein Bezug zwischen den stündlichen, durchschnittlichen Außentemperaturen und den als optimal empfundenen Innenraumtemperaturen hergestellt werden.
Eine Weiterführung der Ergebnisse aus Kap. 3.3 soll insbesondere dadurch erfolgen, dass nicht tägliche mittlere Außentemperaturen als Basis einer Berechnung der operativen Innenraumtemperatur dienen, sondern stündliche Mittelwerte als Grundlage für eine maximale stündliche Innenraumtemperatur herangezogen werden. D.h., es wird in der vorliegenden Dissertation nicht von einer statischen, sondern von einer flexiblen, auf die stündlichen mittleren Außentemperaturen bezogenen maximalen Innenraumtemperatur ausgegangen [24, S.97].

Ergebnis einer solchen Herangehensweise ist demnach ein flexibles, in sehr enger Relation zur Außentemperatur stehendes thermisches Temperaturfeld des Gebäudeinnenraumes. Eine Berechnung der optimalen Innenraumtemperaturen wird im weiteren nach *Auliciemes* erfolgen, wobei eine Berücksichtigung der von *Koenigsberger* festgelegten Schwankungsbreiten sowie der Vorgaben von *Szokolay* erfolgt [24, S.96].

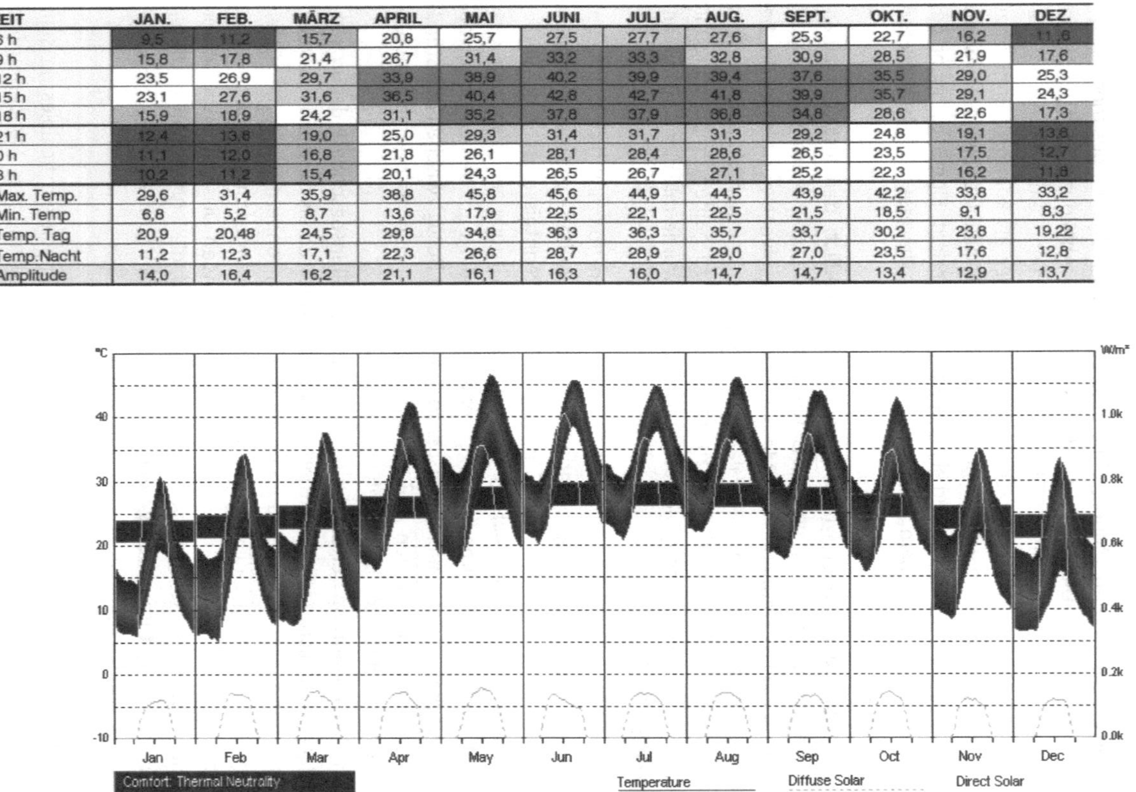

ZEIT	JAN.	FEB.	MÄRZ	APRIL	MAI	JUNI	JULI	AUG.	SEPT.	OKT.	NOV.	DEZ.
6 h	9,5	11,2	15,7	20,8	25,7	27,5	27,7	27,6	25,3	22,7	16,2	11,6
9 h	15,8	17,8	21,4	26,7	31,4	33,2	33,3	32,8	30,9	28,5	21,9	17,6
12 h	23,5	26,9	29,7	33,9	38,9	40,2	39,9	39,4	37,6	35,5	29,0	25,3
15 h	23,1	27,6	31,6	36,5	40,4	42,8	42,7	41,8	39,9	35,7	29,1	24,3
18 h	15,9	18,9	24,2	31,1	35,2	37,8	37,9	36,8	34,8	28,6	22,6	17,3
21 h	12,4	13,8	19,0	25,0	29,3	31,4	31,7	31,3	29,2	24,8	19,1	13,8
0 h	11,1	12,0	16,8	21,8	26,1	28,1	28,4	28,6	26,5	23,5	17,5	12,7
3 h	10,2	11,2	15,4	20,1	24,3	26,5	26,7	27,1	25,2	22,3	16,2	11,8
Max. Temp.	29,6	31,4	35,9	38,8	45,8	45,6	44,9	44,5	43,9	42,2	33,8	33,2
Min. Temp	6,8	5,2	8,7	13,6	17,9	22,5	22,1	22,5	21,5	18,5	9,1	8,3
Temp. Tag	20,9	20,48	24,5	29,8	34,8	36,3	36,3	35,7	33,7	30,2	23,8	19,22
Temp.Nacht	11,2	12,3	17,1	22,3	26,6	28,7	28,9	29,0	27,0	23,5	17,6	12,8
Amplitude	14,0	16,4	16,2	21,1	16,1	16,3	16,0	14,7	14,7	13,4	12,9	13,7

Tab. 3: Mittlere Temperaturen im Planungsgebiet [D; 24, S.15]
Abb. 13: Temperaturen im Planungsgebiet [D; E; 24, S.15]

Ziel dieser Annahme ist es, den Gebäudekühlleistungsbedarf zu optimieren. Diese Optimierung kann erreicht werden, indem mögliche adaptive Prozesse der Gebäudenutzer an schwankende thermische Umstände genutzt werden. Sofern eine Adaptation der Gebäudenutzer an das thermische Umfeld des Gebäudes vorliegt, können die maximalen Innenraumtemperaturen in Abhängigkeit zu den stündlichen Außentemperaturen festgelegt werden. Infolgedessen ergibt sich ein deutlich reduzierter Kühlleistungsbedarf und die Laufzeiten einer aktiven Kühlung lassen sich deutlich herabsetzen.

4 Gebäudelüftung

Die natürliche Lüftung stellt von jeher einen wichtigen Entwurfsaspekt der Gebäudeplanung dar. So wurden im chinesischen Feng-Shui schon während der Zhou Dynastie[28] konkrete Ratschläge für eine „positive Belüftung" erteilt. Auch in Europa war die Gebäudelüftung seit langem ein entscheidender Entwurfsparameter. So finden sich beispielsweise schon in Briefen Vitruvs Angaben über „der Gesundheit dienliche und weniger dienliche Winde" [6, S.1661; 24, S.34].

Eine Lüftung kann einer Erhöhung der Luftgeschwindigkeit oder aber der allgemeinen Notwendigkeit des Abtransportes von Schadstoffen dienen. Insbesondere sind in diesem Zusammenhang CO_2, Ozon, Formaldehyd, Gerüche aus dem Gebäudeinneren oder Schweißabbauprodukte wie Propion-, Caprin- oder Buttersäure zu nennen. So stößt beispielsweise eine Person in sitzender Tätigkeit ca. 0.0047 l/s CO_2 aus. Es besteht demnach ein allgemeiner Mindestbedarf an Frischluft im Gebäude [4, S.241; 24, S.34].

4.1 Luftwechsel und Luftvolumenstrom

Da der Forschungs- und Normierungsstandard in Europa als einer der besten weltweit angesehen werden kann, soll in dieser Ausarbeitung insbesondere auf europäische Regelwerke eingegangen werden. Da sich die in Europa gültigen Normen des Themengebietes Gebäudelüftung lediglich auf Aspekte der Luftqualität beziehen, ist eine Übertragbarkeit auf andere Regionen gegeben.

Bei Räumen mit geringen Immissionswerten, wie z.B. Büroräumen, wurde nach der inzwischen zurückgezogenen DIN 1946-2[29] ein 4-8facher stündlicher Luftwechsel empfohlen. Im Falle besonders großen Volumina kann der stündliche Luftwechsel herabgesetzt werden [I 10]. Ein ausreichender Luftwechsel ist jedoch nicht nur zu den Nutzungszeiten eines Raumes zu beachten. Nach *DIN EN 832*[30] muss auch ein zeitlich gewichteter mittlerer Luftwechsel (n_{24}) berücksichtigt werden [33, S.36].

28 Zhou-Dynastie / China: Die westliche Dynastie wird auf den Zeitraum von 1122/1045 bis 770 v. Chr., die spätere, sogenannte östliche Dynastie auf den Zeitraum von etwa 770 - 256 v. Chr. datiert.

29 DIN 1946-2: Raumlufttechnik - Gesundheitstechnische Anforderungen (seit 2007 ungültig, ersetzt durch DIN EN 13779)

30 DIN EN 832: Wärmetechnisches Verhalten von Gebäuden, Berechnung des Heizenergiebedarfs; Wohngebäude

Ein ausreichender Luftwechsel kann über einen entsprechenden Luftvolumenstrom *(V_L)* generiert werden. Dieser kann über verschiedene Ansätze definiert werden:

- *Außenluftrate*
- *Luftverschlechterung*
- *Luftwechselzahl*
- *Bilanzgleichung*

Bei einer Definition des Luftvolumenstroms über die Außenluftrate wird die zuzuführende Außenluftmenge über die Anzahl der im Raum befindlichen Personen und andere luftqualitätsbelastende Parameter definiert. Nach *DIN EN 15251*[31] kann für Nichtwohngebäude von einem Frischluftvolumen von etwa 7 l/s Pers. ausgegangen werden, um biologische Ausdünstungen der Personen abzuführen. In schadstoffarmen Gebäuden mit Rauchverbot muss zusätzlich eine Lüftungsrate von 0,7 l/s m² angesetzt werden, um Gebäudeemissionen abzuführen.

$$q_{tot} = n * q_p + A * q_B$$

q_{tot} = Gesamtlüftungsrate (l/s)
n = erforderlicher Luftwechsel (h^{-1})
q_p = Raumbelegungszahl (pers.)
A = Grundfläche (m²)
q_B= Gebäudeemissionsbezogen

Eine Festlegung des erforderlichen Luftvolumenstroms V_L (m³/h) kann ebenso über die erforderliche Luftwechselzahl (*n*) erfolgen. In diesem Fall wird von einer notwendigen stündlichen Erneuerung der innerhalb eines vorhandenen Raumvolumens (m³) ausgegangen.

[31] *DIN EN 15251*: Die Angaben nach DIN beziehen sich auf Kategorie II, also auf die zweitbeste von vier möglichen Kategorien

[32] MAK: Maximale Arbeitsplatzkonzentration: Beschreibt die maximal zulässige Konzentration eines Stoffes in der Atemluft eines Arbeitsplatzes, bei der kein gesundheitlicher Schaden zu erwarten ist.

Alternativ kann eine exakte Ermittlung des Volumenstroms über eine Bilanzgleichung erfolgen. In einer solchen Gleichung werden zusätzlich alle Thermodynamischen Prozesse wie Heizen, Kühlen, Befeuchten und Entfeuchten berücksichtigt.

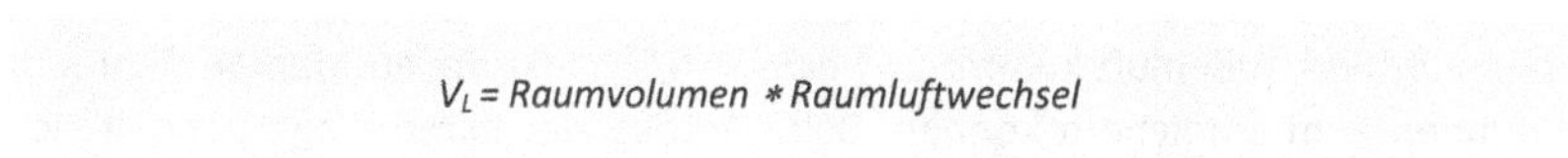

4.2 Natürliche Lüftung an schadstoffbelasteten Standorten

In Bezug auf eine natürliche Ventilation stellen sich innerstädtische, sehr stark mit Schadstoffen in der Außenluft belastete Standorte als besonders kritisch dar. An stark belasteten Standorten kann eine natürliche Lüftung, insbesondere am Tag, im Unterschied zu einem Gebäude mit Klimaanlage zu einer höheren Schadstoffbelastung (ohne CO_2) im Innenraum führen. Filter, wie sie in Klimaanlagen vorhanden sind, können in natürlich belüfteten Gebäuden nur bedingt eingesetzt werden, da diese die Effizienz eines natürlichen Lüftungssystems stark herabsetzen. Als Beispiel unterschiedlich hoher Schadstoffbelastungen in Abhängigkeit zu divergierenden Lüftungsstrategien kann beispielsweise auf Messungen im neuen Akropolismuseum in Athen verwiesen werden.

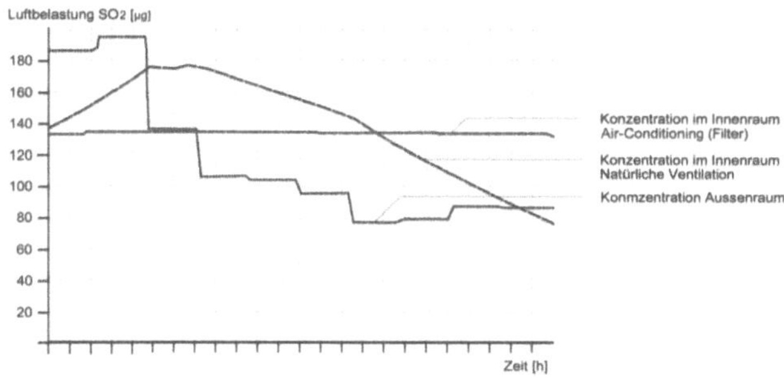

Abbildung 14: Vergleich von natürlicher und mechanischer Lüftung mit Filtern im neuen Akropolismuseum [2, S.181; 24, S.35]

Die Untersuchungen erfolgten anhand einer 127.000 m² großen Ausstellungshalle und wurden für unterschiedliche Schadstoffe bei natürlicher Ventilation und der Nutzung einer Klimaanlage durchgeführt. Die Rezirkulationsrate der

Luft betrug 70 %, d.h. pro Luftwechsel wurden nur 30 % Frischluft zugesetzt. Die Filter der Klimaanlage hatten einen Wirkungsgrad von 97,5 % [2, S.181; 24, S.34f]. Die Graphik zeigt eine Analyse für SO_2, lässt sich jedoch auch auf andere Schadstoffe und deren Anreicherung in einem Luftvolumen übertragen. Der Vergleich zeigt deutlich, dass es bei einer natürlichen Gebäudeventilation zu einer zeitversetzten, aber vergleichbaren Schadstoffkonzentration von Raumluft und Außenluft kommt und dass sich Schadstoffe aus dem Außenraum im Innenraum anreichern können. Beim Betrieb der Klimaanlage pendelt sich das Niveau der Schadstoffbelastung auf einem Niveau ein, das in etwa der gemittelten Außenbelastung entspricht. Der Effekt ist auf die Filter der Anlage zurückzuführen [24, S.34f].

4.3 Wärmeabfuhr durch natürliche Lüftung

Eine effiziente Methode der Wärmeabfuhr über die Gebäudelüftung liegt in der Nachtlüftung. Eine effiziente Nachtlüftung setzt eine ausgeprägte Tag-Nacht Temperaturamplitude und eine ausreichende thermische Speichermasse der Gebäudeinnenräume voraus. Die minimale Außentemperatur stellt die theoretisch tiefste Temperatur dar, auf die eine Gebäudemasse abgekühlt werden kann, woraus sich die maximale Amplitude zwischen der inneren und der äußeren Temperatur ergibt. Bei einer angenommenen Temperaturdifferenz von $T > 5K$ und einer Zeitdauer von mehr als $h = 6$ h, kann beispielsweise von einer durchschnittlich abführbaren Wärmemenge von ca. $Q = 0{,}15$ kWh/m^2 d ausgegangen werden [I 2; 24, S.35f].

Generell kann man bei Gebäuden mit hoher Speichermasse in Gebieten mit einer täglichen Temperaturamplitude von $\Theta = 15$ K - 20 K, wie sie in trocken-heißen Gebieten üblich ist, davon ausgehen, dass eine nächtliche Abkühlung der inneren Speichermasse auf ca. $T = 4$ K - 5 K oberhalb der minimalen Außentemperatur möglich ist. Hieraus ergibt sich allgemein eine Verminderung der durchschnittlichen Temperaturen von ca. $T = 2$ K - 3 K. [13, S.8; 24, S.35]. Eine höhere Abkühlung von Masse lässt sich nur bei speziellen, dafür ausgelegten Speichern, wie z.B. dem Schotterspeicher erzielen. In diesem Falle ist eine Abkühlung bis $T = 2$ K - 3 K oberhalb der minimalen Außentemperatur möglich [13, S.53; 24, S.36].

Optimale passive Lüftungsstrategien zur thermischen Innenraumkonditionierung lassen sich auch im Tierreich finden, wie bspw. bei den afrikanischen Termiten. Der Termitenbau ist einem Gebäude, das ausschließlich aus Hohl-

körperdecken und -wänden mit entsprechenden Zu- und Abluftöffnungen konstruiert wäre, vergleichbar. Ein historisches Beispiel für die passive thermische Nutzung von Zuluftkanälen stellt eine Gruppe von sechs Villen im Süden von Vincenza dar. Genutzt wurde in diesem Fall eine größtenteils natürlich vorhandene Höhlenkonfiguration, die als Zuluftkanal dient [24, S.38]. Eine Untersuchung dieser bereits im Jahr 1570 von Palladio in seinen „Vier Büchern der Architektur" genannten „Covoli" erfolgte an der *Venice School of Architecture*. Messungen im Monat Juli zeigten, dass die Temperaturen der Covoli bei Außentemperaturen von t_{AL} = 21 °C - 29 °C, bei nur etwa t_{RL} = 12 °C lagen. Die Temperaturen im Kellerraum einer Villa, der als Verteiler der Kaltluft fungiert, lagen bei etwa t_{RL} = 13 °C - 14 °C. Die Temperaturen in den angeschlossenen Räumen lagen oberhalb der Luftaustrittsöffnung bei ca. t_{RL} = 20 °C [24, S.38f].
Ein kontemporäres Beispiel aus Köln zeigt die Temperaturamplitudendämpfung unter Einbeziehung der Nachtlüftung über Hohlkörperdecken, in Verbindung mit einer Luftzufuhr über einen Erdkanal [24, S.37f].

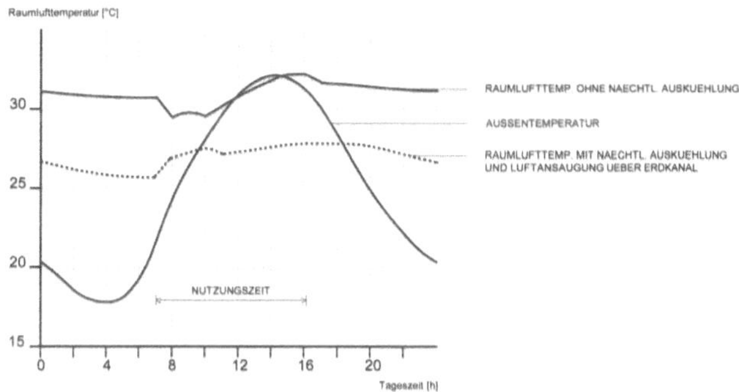

Abbildung 15: Exemplarischer Lufttemperaturverlauf des Bürogebäudes „L-E-O" / Köln (Sommertag) [24, S.37f; 35, S.379]

In diesem Beispiel hat der Zuluftkanal einen Durchmesser von $\varnothing$ = 0,80 m und eine Länge von ca. l = 150 m. Eine nächtliche Durchlüftung erfolgt über eine Lüftungsanlage, die einen 3 - 4fachen Luftwechsel erzeugt. Die Zuluft wird über den Erdkanal angesaugt [35; S. 378]. Wie sich in diesem Beispiel zeigt, kann mit Hilfe des nächtlichen Lüftens eine deutliche Temperaturminderung, in diesem Fall etwa T = 5K erzielt werden. Da die Luft mechanisch (Ventilatoren) durch die Bauteile transportiert wird, muss jedoch von einem hybriden und nicht von einem passiven System gesprochen werden [24, S.38].

4.4 Thermische Raumkonditionierung mit natürlichen Lüftungssystemen

Eine Kühlleistung durch eine Ventilation (Φ_{vent}) kann natürlich nur herbeigeführt werden, sofern die zugeführte Luft eine geringere Temperatur als die Innenraumtemperatur aufweist. Die aus der Temperaturdifferenz resultierende Kühlleistung ergibt sich aus der Abhängigkeit folgender Faktoren[33]: Der Ventilationsrate q_{vent} (kg/s), der Luftdichte ρ_{luft} (kg/m^3), der spezifischen Wärmekapazität $C_{p,luft}$[34], der Außentemperatur T_{AL} (°C) und der Innenraumtemperatur (°C) zum vorherigen Zeitpunkt t_{RL} (t - Δt) [36, S.19].

$$\Phi_{vent} = \rho_{luft} * Cp_{luft} * q_{vent} * [t_{AL}(t) - t_{RL}(t - \Delta t)]$$

Eine thermische Innenraumkonditionierung ohne Kühlung des Raumes kann über eine Änderung der Luftgeschwindigkeit erfolgen:

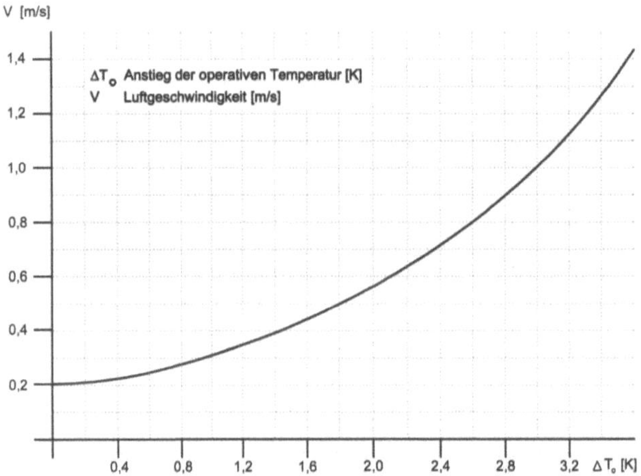

Abbildung 16: Ausgleich erhöhter Temperaturen (T_{RL} > 25 °C) über Luftgeschwindigkeitserhöhungen nach *DIN EN 15251*.

[33] Faktoren: Die unterschiedlichen relativen Feuchten bleiben in diesem Fall unberücksichtigt. Eine Berücksichtigung der relativen Feuchten erfolgt in Kap. 11.

[34] Die spezifische Wärmekapazität von Luft beträgt 1005 J/kg K (isobar)

Sofern die Luftgeschwindigkeit in einem Innenraum vom Nutzer geregelt werden kann, besteht nach *DIN EN 15251*, bei operativen Innenraumtemperaturen von T_{RL}> 25 °C, die Möglichkeit, diese über eine Erhöhung der Luftgeschwindigkeit auszugleichen. Die in *DIN EN 15251* (Abb. 16) dargestellte Abhängigkeit zwischen der Luftgeschwindigkeit und einem Temperaturanstieg berücksichtigt nicht, dass ein Unterschied des Bekleidungsniveaus oder der Tätigkeit sowie eine Abweichung der Strahlungstemperatur einer Oberfläche von der Lufttemperatur entscheidenden Einfluss auf die empfundene Temperatur haben.

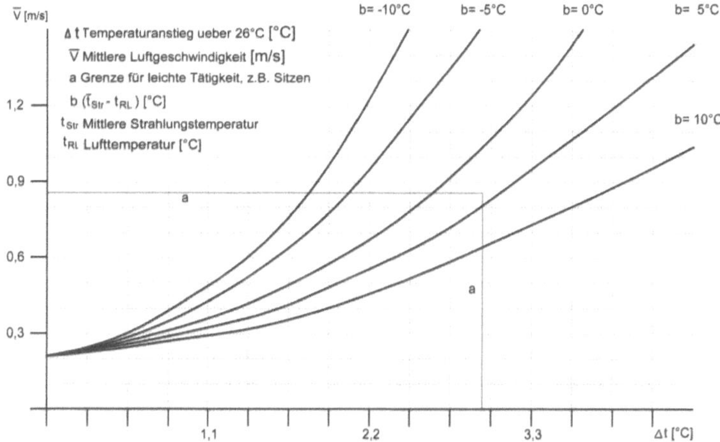

Abbildung 17: Kombinationen aus Luftgeschwindigkeit und Temperatur nach DIN EN ISO 7730, die bei einem geringen Metabolismus und leichter Kleidung zu gleichen Wärmeübergängen der Haut führen. Als Referenzpunkt wird von t_{RL}= 26°C ausgegangen.

Im Unterschied zu Abb. 16 zeigt der nach *DIN EN ISO 7730* in Abb. 17 dargestellte Zusammenhang die Relation zwischen unterschiedlichen Luftgeschwindigkeiten und divergierender Lufttemperaturen auf, die zu gleichen Wärmeübergängen von Haut und Umgebungsluft führen. Die Graphik steht für leichte Sommerbekleidung und eine sitzende Tätigkeit.
Wie sich zeigt, kann eine erhöhte Luftgeschwindigkeit im Falle einer niedrigen Lufttemperatur und einer hohen Strahlungstemperatur effizienter zu einer Temperaturminderung beitragen als umgekehrt.

Das der Metabolismus ebenfalls ganz entscheidenden Einfluss auf die Beurteilung eines Raumklimas hat, zeigt sich in den nachfolgenden Abb. 18. Diese zeigen den *PMV* für den Zusammenhang zwischen der Luftgeschwindigkeit und der Innenraumtemperatur bei unterschiedlichen Metabolismen nach *Fanger* [12, S.55]. Die Bekleidung wurde in beiden Fällen mit einem Niveau von I_{cl} = 0,25 clo angesetzt, was sehr leichter Sommerkleidung entspricht. Die Metabolismen wurden mit M = 56 W/m² (z.B. sitzende Tätigkeit) bzw. M = 116 W/m² (z.B. leichte Hausarbeit) angesetzt. Die relative Luftfeuchte wurde mit φ_{RL} = 50 % angenommen, hat allgemein jedoch nur einen untergeordneten Einfluss auf den *„PMV"* [24, S.40f].

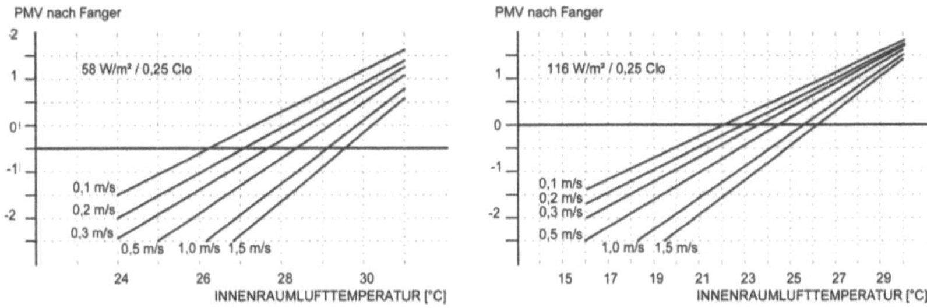

Abbildung 18: PMV bei divergierenden Luftgeschwindigkeiten, unterschiedlichen operativen Innenraumtemperaturen und unterschiedlichen Metabolismen [12, S.55; 24, S.40]

Die Ursachen der unterschiedlichen Beurteilungen liegen neben der erhöhten Wärmeabgabe des Körpers in der Luftbewegung um den Körper herum. Aufgrund der konvektiven Wärmabgabe des Körpers bildet sich um den Körper eine stabile Schicht aus warmer, aufsteigender Luft, die mit zunehmender Höhe an Stärke und Geschwindigkeit zunimmt. Im Fußbereich weist diese Schicht eine Stärke von ca. 80 mm auf und steigt im Nackenbereich bis auf ca. 150 mm an [28, S.398f] Eine hohe Luftgeschwindigkeit in Verbindung mit einer niedrigen Umgebungstemperatur führt zu einer Störung dieses Schichtengefüges. Diese Störung wird je nach thermischer Situation als angenehm oder unangenehm empfunden, weshalb eine hohe Luftgeschwindigkeit zu einer thermischen Konditionierung eines Gebäudeinnenraums genutzt werden kann [24, S.41]. Eine Mindestluftgeschwindigkeit zur Erstellung eines thermischen Komforts existiert laut *DIN EN ISO 7730* nicht.

4.5 Winddruckbasierte Lüftungssysteme

Lüftungssysteme benötigen selbstverständlich Öffnungen innerhalb der Gebäudehülle, damit es zum Austausch von Druckdifferenzen kommen kann. Diese Differenzen können entweder durch unterschiedliche Temperaturen zwischen dem Innen- und Außenraum oder aber aufgrund von Winddruck entstehen. Relevant sind hierbei insbesondere die Formen und Größen der Öffnungsflächen sowie ihre Lage zueinander. Systeme, die mit Winddruck arbeiten, benötigen prinzipiell geringere Dimensionen als diejenigen, die auf Temperatur unterschieden basieren.

Der Winddruck (P_w) auf ein Gebäude oder eine Ventilationsöffnung steht in direkter Abhängigkeit zum Druckkoeffizienten (C_p), der Luftdichte (L_{Luft}) und der Windgeschwindigkeit (U_o). Dieser errechnet sich wie folgt [24, S.39ff; 36, S.5]:

$$P_w = C_{pL} * [(\rho_L * U_o^2) / 2]$$

Um den Druckkoeffizient festlegen zu können, bedarf es maßstabsgerechter Windtunneltests oder einer CFD-Simulation[35].

$$P_w = 1{,}0 * [(1{,}1267\ kg/m^3 * 5{,}5\ m/s^2) / 2]$$
$$P_w \approx 17{,}04\ Pa$$

Sofern der maximal mögliche positive Druckkoeffizient (Luvseite) von $C_{pL} = 1{,}0$ zum Ansatz gebracht wird, zeigt sich, dass auf der windzugewandten Seite des Gebäudes selbst bei geringen Windgeschwindigkeiten von einem theoretisch relativ hohen maximal erreichbaren Druck[36] ausgegangen werden kann.

[35] CFD-Simulation: Strömungsmechanische Computersimulation (Computational fluid dynamics - engl.)

[36] Die Windgeschwindigkeit wurde mit U_o = 5,5 m/s, die Lufttemperatur mit t_{AL} = 40 °C angenommen. Der Wert der Luftdichte (ρ_L) wurde einer Tabelle von Prof. Dr.-Ing. Beer, Vorlesung Thermodynamik II, Fachgebiet Technische Thermodynamik, Technische Hochschule Darmstadt TUD, 1992 entnommen.

Die Annäherung an die resultierende Druckdifferenz zwischen der Luv- und der Leeseite eines Gebäudes oder Bauteils kann angenähert ebenso dargestellt werden [29, S.83]. Allgemein hängt der Druck, der sich durch anströmende Luftmassen im Bereich einer Fassadenöffnung ausbildet, von der Position der Öffnung in der Fassade, der Gebäudegeometrie, dem Verlauf und der Ausbildung der bodennahen Grenzschicht im vertikalen Luftschichtenaufbau, der Windgeschwindigkeit und dem Winkel, mit dem ein Luftmassenstrom auf eine Öffnung auftrifft, ab [24, S.45; 27, S.461]. Sofern an einem Standort eine relativ konstante Hauptwindrichtung vorgefunden wird, kann ein durch Wind erzeugter und zur Belüftung des Gebäudes genutzter Luftmassenstrom optimiert werden, indem die Luftauslassöffnungen des Gebäudes auf der windabgewandten Seite geringfügig größer dimensioniert werden, als die der Luvseite [14, S.91; 24, S.45].

$$\Delta P \sim P_{stau} * {}^{4}/_{3}$$
$$\Delta P \sim 17{,}0 * {}^{4}/_{3}$$
$$\Delta P \sim 12{,}8 Pa$$

4.6 Thermikbasierte Lüftungssysteme

In Bezug auf Prozesse, die auf Thermik basieren, stellt sich im Planungsgebiet Assuan die Problematik, dass die Außentemperaturen zu einem Grossteil des Jahres deutlich oberhalb der akzeptablen Innenraumtemperaturen liegen. Innerhalb eines Luftkanals kann Abluft demnach nicht über einen thermischen Auftrieb abgeführt werden. Thermik kann zu Lüftungszwecken nur genutzt werden, indem Zuluft durch einen thermisch induzierten Absinkprozess innerhalb eines vertikalen Zuluftschachtes zugeführt wird.

$$\Delta P_{Therm} = h_V * g * (\rho_A - \rho_I)$$

Sofern die Annahme getroffen wird, dass ein Zuluftkanal einer Höhe von $h_V = 8$ m vorhanden ist, wird sich bei einer Innenraumtemperatur von $t_{RL} = 28$ °C und einer Außenlufttemperatur von $t_{AL} = 40$ °C ein Druckunterschied einstellen. Der negative Wert zeigt, dass es innerhalb eines vertikalen Zuluftschachtes, z.B. eines Windcatcher (s. Kap. 5.2), zu einem leichten Absinken von Außenluft innerhalb des Zuluftkanals kommen wird.

$$\Delta P_{Therm} = 8\ m * 9{,}81\ m/s^2 * (1{,}1267\ kg/m^3 - 1{,}1734\ kg/m^3)$$ [37]

$$\Delta P_{Therm} = -3.66\ Pa$$

Im Unterschied zu winddruckbasierten Systemen ist der resultierende Druckunterschied jedoch relativ gering. Selbst die Annahme einer Innenraumtemperatur von t_{RL} = 20 °C in Kombination mit einer Außentemperatur von t_{AL} = -10 °C wird nur zu einem thermischen Druckunterschied von ca. ΔP_{Therm} = 10,8 Pa führen. Es zeigt sich demnach deutlich, dass winddruckbasierte Lüftungssysteme wesentlich effizienter eingesetzt werden können, als thermisch basierte Systeme.
In der Realität findet häufig eine Mischung der Effekte aus Winddruck und Thermik statt. Dies bedeutet, dass ein aufgrund von Thermik vorhandener Druckunterschied auch durch windinduzierten Druck kompensiert werden kann.

4.7 Resultierende lüftungstechnische Vorgaben

Wie sich in Kap. 4 zeigte, haben diverse Parameter einen deutlichen Einfluss auf die Effizienz und die Qualität eines benötigten Lüftungsvolumenstromes. Um eine möglichst effiziente thermische Konditionierung eines Gebäudeinnenraumes zu erzielen, sollen diese Erkenntnisse wie folgt berücksichtigt werden:
Der Lufteinlass eines solar basierten Klimatisierungssystems soll oberhalb des Gebäudes angeordnet werden, da der Schadstoffgehalt der Außenluft in innerstädtischen Lagen dort i.d.R. am geringsten ist. Ein Außenlufteinlass auf Straßenniveau würde effiziente Luftfilter voraussetzen, die zu einem deutlichen

[37] Die Werte der Luftdichte wurden linear interpoliert. Grundwerte wurden einer Tabelle von Prof. Dr.-Ing. Beer, Vorlesung Thermodynamik II, Fachgebiet Technische Thermodynamik, Technische Hochschule Darmstadt TUD, 1992 entnommen.

Druckabfall[38] innerhalb des Systems führen würden. Ein hoher Druckabfall ist jedoch zu vermeiden, da keine leistungsstarken und somit energieintensiven Ventilatoren zum Einsatz kommen sollen.

Im weiteren soll in der beispielhaften Gebäudebetrachtung eine systemunterstützende Nachtlüftung Berücksichtigung finden, da diese einen effizienten Beitrag zur thermischen Innenraumkonditionierung leisten kann und so die Laufzeiten eines solarbasierten Klimatisierungssystems herabgesetzt werden können.

Eine thermische Innenraumkonditionierung ohne Kühlleistung, die in Form einer erhöhten Luftgeschwindigkeit erfolgen kann, soll nicht zum Einsatz kommen. Eine mögliche Erhöhung der Luftgeschwindigkeit wird jedoch als „Kühlleistungsreserve" berücksichtigt, indem das System auf durchschnittliche und nicht auf vorkommende Spitzenlasten ausgelegt wird.

In der qualitativen Bewertung des Innenraumklimas werden neben der Innenraumtemperatur und der Luftgeschwindigkeit auch das Bekleidungsniveau und der Metabolismus Berücksichtigung finden.

Die Effekte des Winddrucks und der Thermik werden genutzt, um typischen Druckverlusten entgegenzuwirken und um so die notwendige Ventilatorenleistung reduzieren zu können.

[38] Druckabfall für Filter (Filterstufe F5-F7) in Luftbehandlungseinheiten liegen nach DIN 13779 in niedrigen Fällen bei in etwa 100 Pa. DIN 13779: Lüftung von Nichtwohngebäuden - Allgemeine Grundlagen und Anforderungen für Lüftungs- und Klimaanlagen und Raumkühlsysteme

5 Architektonische Lüftungssysteme

In der geschichtlichen Entwicklung der Architektur finden sich diverse Belüftungssysteme. So kamen z.B. im Gebiet des heutigen Katars doppelwandige Systeme zum Einsatz oder werden Behausungen nomadisierender Völker i.d.R. mit Öffnungen innerhalb der Bedachung ausgebildet, die je nach Wetterlage geöffnet oder geschlossen werden konnten. In dieser Ausarbeitung soll speziell auf Solar-Chimneys[39] und Windcatcher[40] eingegangen werden, da diese im Bereich des betrachteten Standortes das größte Nutzungspotential aufweisen.

5.1 Solar-Chimneysysteme

Als Vorläufer der Solar-Chimneys können auf thermischen Auftrieb basierte Abluftschächte gesehen werden, wie sie schon seit über 150 Jahren im Einsatz sind. Ein Beispiel eines solchen Systems findet sich in dem von *Sir Joshua Jepp* im Jahre 1844 errichteten Gefängnisgebäude. Allein aufgrund eines thermischen Auftriebs, der über Feuerstellen erzeugt wurde, konnte in dem Gebäude ein 3facher Luftwechsel realisiert werden.

Ein Solar-Chimney nutzt nicht nur den aufgrund der Gebäudenutzung vorhandenen Temperaturunterschied zwischen dem Innen- und dem Außenraum, sondern insbesondere solare Wärmeeinträge, die durch einen i.d.R. verglasten Aufbau des Schaftes erzielt werden. Zusätzliche, aktive Beheizungen[41] kommen meist nicht zum Einsatz.

5.1.1 Aufbau eines Solar-Chimney

Ein Solar-Chimney besteht typischerweise aus einem Schacht, der über oder neben dem zu belüftenden Bereichen angeordnet ist. Um die Leistung eines Solar-Chimney zu steigern, kann dieser beispielsweise komplett oder teilweise aus Glas aufgebaut sein oder im oberen Bereich des Kopfes aktiv beheizt werden. Eine Ausbildung mit Teilverglasung wurde z.B. am Hauptsitz des *British Research Establishments* realisiert.

Eine Bauweise, die mit einer unterstützenden aktiven Beheizung arbeitet, wurde vom Autor im Rahmen seiner Projektleitertätigkeit für das Büro

[39] Solar-Chimney: Solarkamin = Solar-Chimney (engl.) Die deutsche Bezeichnung Solarkamin ist weniger üblich, als die englische Übersetzung, weshalb der englische Begriff beibehalten wird.

[40] Windcatcher: Der deutsche Ausdruck „Windturm" ist allgemein unüblich.

[41] Aktive Beheizungen: Siehe Abb. 19 - 21

Barthélémy & Griño architectes in Paris entwickelt. Die Systementwicklung erfolgte innerhalb eines Projektes, das die ökologisch, nachhaltige Sanierung zweier Wohngebäude, mit einer Wohnfläche von etwa 19500 m^2 vorsah. Problematisch stellte sich insbesondere die Lage der Gebäude, direkt neben der Pariser Stadtautobahn dar. Bei geöffnetem Fenster konnte in den Wohnungen durchschnittlich eine Schalldruckpegelbelastung von L_{pA} = 65 db(A) gemessen werden, so das eine Wohnungslüftung und somit Wärmeabfuhr der nach Westen ausgerichteten Gebäude tagsüber nur kurzweilig und nachts so gut wie unmöglich ist. Dieser Umstand führt während der Sommermonate zu einem starken Aufschaukeln der Innenraumtemperaturen und somit zu einer extremen Einbusse an thermischem Komfort.

Abbildung 19: Sanierte Gebäude in Paris mit Solar-Chimneys (Rendering) [B 9]

Aufgrund der Problematik wurde vom Autor eine Fassade mit speziell dafür entwickelten, schalldämpfenden Lüftungsflügeln vorgeschlagen. Generell wiesen Schalldämpfer jedoch einen Druckabfall[42] auf, so dass eine zur Gebäude-

[42] Druckabfall: Bei Schalldämpfern kann in Luftbehandlungseinheiten in niedrigen Fällen nach DIN 13779 von einem Druckabfall von 30 Pa ausgegangen werden. DIN 13779: Lüftung von Nichtwohngebäuden - Allgemeine Grundlagen und Anforderungen für Lüftungs- und Klimaanlagen und Raumkühlsysteme.

belüftung ausreichende Durchströmung der schalldämpfenden Lüftungsflügeln nur bei einem ausreichenden Druckunterschied zwischen dem Innen- und Außenraum auftritt. Aus diesem Grunde werden alle Appartements an einen individuellen Abluftkanal angeschlossen, in dem permanent ein leichter Unterdruck herrscht. Sofern ein Lüftungsflügel in einer Wohnung geöffnet wird, tritt Außenluft aufgrund des leichten Unterdruckes über das schalldämpfende Paneel in die Wohnung und warme, schadstoffbelastete Abluft wird aus dem Appartement in den Abluftschacht abgeführt. Die Abluftschächte werden an der Westfassade gebündelt, über Dach geführt und dort in Form von 16 Solarkaminen zusammengeführt. Die Solar-Chimneys sind zusätzlich mit einem integrierten Heißwasserspeichersystem ausgestattet. Ein Regelsystem erlaubt eine kontrollierte Wärmeabgabe aus den Heißwasserspeichern in die Solar-Chimneys, wodurch sich der in den Solar-Chimneys bzw. Abluftkanälen entstehende Unterdruck regeln lässt. Die Produktion von Heißwasser erfolgt über Solarkollektoren, die auf dem Flachdach des Gebäudes angeordnet sind.

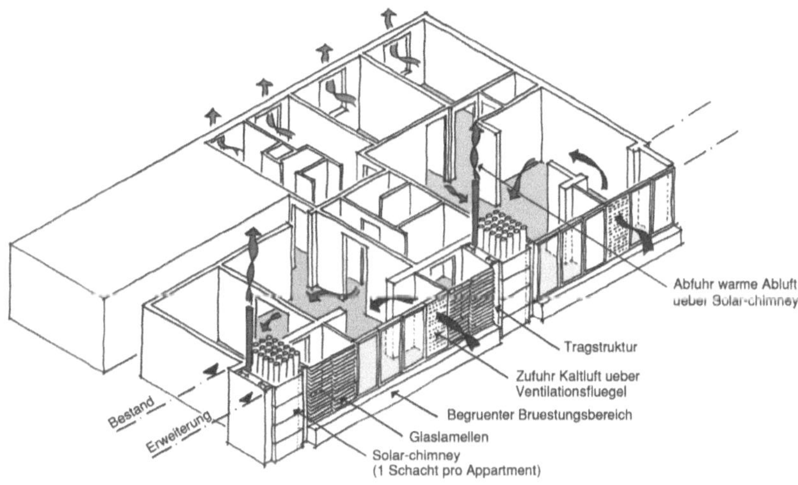

Abbildung 20: System der Be- und Entlüftung auf der Basis von Solar-Chimneys [B 1]

Da die solar generierte Wärme nach Bedarf in die einzelnen Solar-Chimneys abgegeben werden kann, besteht die Möglichkeit, den Lüftungseffekt auch bei weniger optimalen Wetterlagen und auch nachts aufrecht zu erhalten. Eine Lüftung der Wohnungen bei Tag und bei Nacht kann somit ohne Lärmbelastung sichergestellt werden.

Abbildung 21: Attikabereich mit Abluftkanälen und Solar-Chimneys [B 5, S.138]

Da sich aufgrund der unterschiedlichen Steighöhen der einzelnen Abluftkanäle ungleiche Druckunterschiede in den einzelnen Abluftkanälen einstellen werden, kommen volumenstromgesteuerte Klappen zum Einsatz, so dass in allen Abluftkanälen vergleichbare Druckunterschiede herrschen.

Durch thermisch-dynamische Simulationen konnte bestätigt werden, dass ein sommerliches Aufschaukeln der Innenraumtemperatur durch die systemermöglichende Nachtlüftung effektiv vermieden und ein effizienter Beitrag zur Senkung des sommerlichen Energieverbrauchs geleistet werden kann.

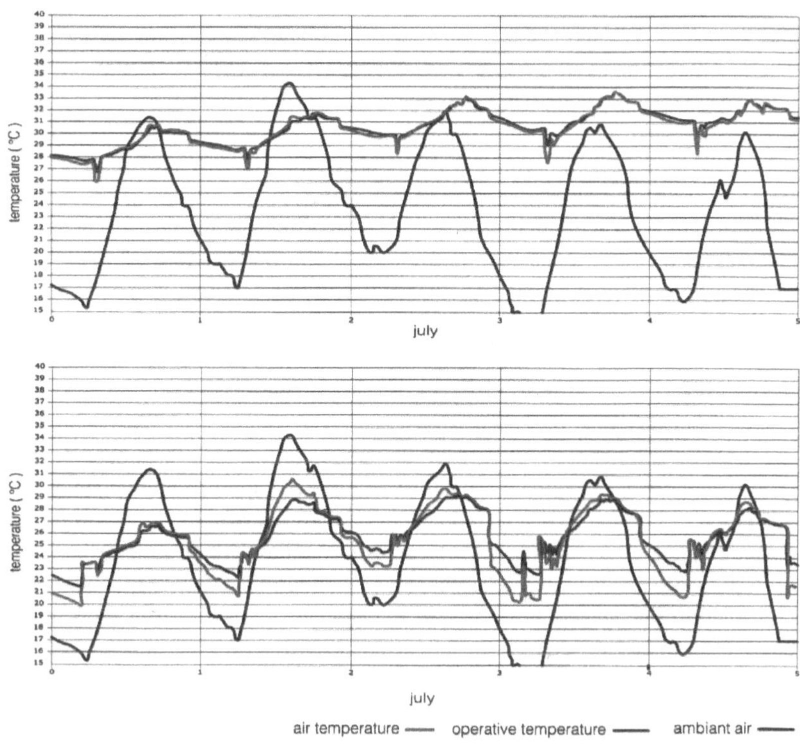

Abbildung 22: Thermisch-dynamische Simulationen: Bestandsgebäude und Projekt mit Lüftung auf der Basis von aktiv beheizten Solar-Chimneys [B 4, S.140]

Um eine effiziente Lüftung und Wärmeabfuhr bei allen Witterungslagen garantieren zu können, werden die Solar-Chimneys mit einem „back-up System" in Form eines unterstützenden Ventilators ausgestattet.

5.1.2 Funktion eines Solar-Chimney

Die Wirkungsweise eines Solar-Chimney basiert darauf, dass der Luftdruck bei konstanter Temperatur mit zunehmender Höhe linear abnimmt und dass warme Luft eine geringere Dichte als kalte Luft aufweist. Die Luftdichte wird neben der Temperatur auch von der relativen Feuchte beeinflusst. Der Einfluss der relativen Feuchte auf den Luftdruck ist allerdings sehr gering.

Die wichtigste Kenngröße bei der Beurteilung natürlicher Belüftungssysteme auf der Basis eines thermischen Auftriebs ist der Luftvolumenstrom (s.a. Kap. 4.1). Allgemein kann festgehalten werden, dass sich selbst bei sehr großen Öffnungen, aber nur kleinem Temperaturunterschied und lediglich geringer Steighöhe kaum ein Luftvolumenstrom ausbildet, da sich ein nur geringer Druckunterschied aufbauen kann. Insbesondere bei einer Temperaturdifferenzunterschreitung von etwa T = 5 K muss davon ausgegangen werden, dass sich kein ausreichender thermischer Auftrieb, sondern eine thermische Schichtung im Gebäudeinneren einstellt [I 4].

5.2 Windcatchersysteme

Typische Bauteile des Mittleren Ostens stellen die sogenannten „Windcatcher" dar. Dass es sich bei diesen Bauteilen um Elemente mit außerordentlich langer Tradition handelt, belegen verschiedene Funde von Papyruszeichnungen. So ist auf einer Zeichnung, die auf 1300 v.Chr. datiert wird und in der Gruft des Nebamun[43] gefunden wurde, ein Haus zu sehen, dass windcatcherartige Bauteile aufweist. Ebenso befinden sich in der Gruft von Theben[44] Wandmalereien, die von der damaligen Präsenz der Windcatcher zeugen. Einfache Kuppelbauten, die hingegen den Venturieffekt ausnutzen, wurden in der Region des heutigen Iran vermutlich schon gegen 3000 v. Chr. erstellt. Das Wort „Windcatcher" wird beispielsweise im Persischen mit „Badgir"[45] übersetzt, wobei das Wort „Bad" für Wind und das Wort „gir" für nehmen steht [24, S.46f].

[43] Nebamun: Ägyptischer Wesir der 18. Dynastie (1550 - 1292 v.Chr.).

[44] Theben: Ehemalige Hauptstadt des alten Oberägyptens und einstiger Mittelpunkt des Pharaonenreichs.

[45] Badgir: Aufgrund regionaler Unterschiede werden Windcatcher je nach Region unterschiedlich benannt. Diese werden bspw. in Ägypten als Malqaf, im Iran als Badgir oder in Pakistan als Scoop bezeichnet.

5.2.1 Aufbau eines Windcatcher

Ein Windcatcher besteht aus einem einfachen Schaft, der im obersten Abschnitt mit einer oder mehreren Öffnungen versehen ist. Falls nur eine Öffnung vorhanden ist, befindet sich diese auf der Seite der Hauptwindrichtung. Sofern eine zweite Öffnung vorhanden ist, befindet sich diese auf der Lee-Seite des Turms. Sofern Öffnungen auf mehreren Seiten des Turms vorhanden sind, ist der Schaft im Inneren in einzelne, parallel verlaufende Kanäle unterteilt, die wiederum an die unterschiedlichen Öffnungen der einzelnen Himmelsrichtungen angeschlossen sind. Eine Unterteilung in mehrere Kanäle ermöglicht das parallele Vorhandensein von Auf- und Abwind.

Abbildung 23: Grundrissbeispiele eines Windcatchers (Badgir/ Iran) [24, S.50; 26, S.59ff]

Der Querschnitt des Turms kann vier-, fünf- oder achteckig sein. Die Abmessungen variieren je nach Region. Als Baustoff wird ein Material mit einer hohen spezifischen Wärmekapazität benötigt [24, S.46ff].

5.2.2 Funktion eines Windcatcher

Die mit einem Windcatcher erzielbare Abkühlung der Zuluft erfolgt, indem Zuluft, die im Vergleich zum Baustoff des Windcatchers nur über ein sehr geringes Wärmespeichervermögen verfügt, Energie an die kühlere Masse des Windcatchers abgibt und sich dadurch abkühlt. Die Abkühlung der in den Windcatcher eintretenden Luft führt infolge dessen zu einer Luftdichteerhöhung der eingeströmten Außenluft, die daraufhin im Windcatcher absinkt und warme Außenluft nachzieht. Die im Windcatcher entstehende Konvektion ist insbesondere von der Höhe des Turms abhängig, da bei einem Vorüberstreifen an einer proportional größeren Masse mehr Wärmeenergie abgegeben werden kann. Desweiteren steht eine Luftmasse bei einem höherem Turm und

gleicher Luftgeschwindigkeit länger in Kontakt mit der kühleren Oberfläche des Windcatchers [24, S.51].
Bei einer zu geringen Speichermasse des Baumaterials kann es gegen Abend zu einem Umkehreffekt kommen. D.h., es kann zu einer unerwünschten Wärmeabgabe des Windcatchers an die kühlere Abendluft kommen. Bei Systemen, die mit Fallwind und Thermik in hintereinander liegenden Abschnitten arbeiten, ist deshalb auf einen minimierten Wärmeübergang zwischen den einzelnen Kanälen zu achten [24, S.51].
Systeme, die mit einer aktiven Verdunstungskühlung arbeiten (Evaporative-Cooling-Tower) werden in Kap. 7.1, Adiabate Kühlsysteme betrachtet.

Der innerhalb eines Windcatchers auftretende Fallwind resultiert allgemein aus einer Mischung von temperaturinduziertem konvektiven Luftabfall und anstehendem Winddruck. Da die Nutzung des Windes in Bodennähe stattfindet, haben Einflussfaktoren im Bereich des Erdbodens entscheidenden Einfluss auf die Funktion und die Effizienz eines Windcatchers.

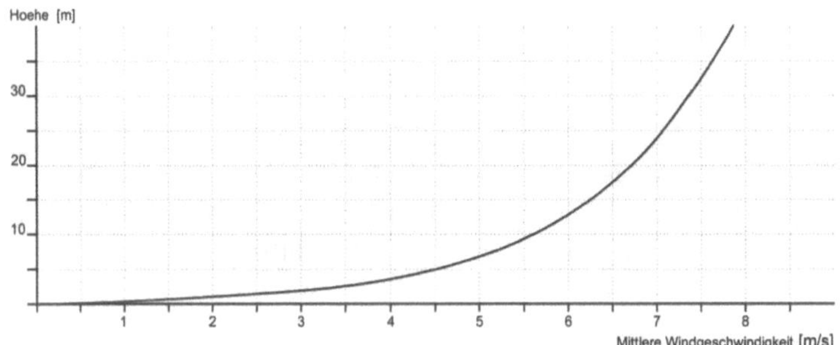

Abbildung 24: Aus den Standortvorgaben des Planungsgebietes resultierende Windgeschwindigkeit U_0 in Abhängigkeit zur Höhe (Rauhigkeitslänge 0,4; Windgeschwindigkeit V_{10}= 5,5 m/s; Berechnung nach [I 1])

Allgemeinen weist eine Bebauung windgeschwindigkeitsabmindernde Eigenschaften auf, d.h. eine Bebauung führt zu einer Windscherung[46]. Diese aufgrund der Oberflächenstruktur variierende Windscherung kann vereinfacht in

[46] Windscherung: Unterschiedliche Windgeschwindigkeit oder Windrichtung zwischen zwei definierten Punkten.

Form der Rauhigkeitslänge nach Davenport[47] ausgedrückt werden [I 12]. Diese bezeichnet die Höhe bei der aufgrund der Erdoberflächenbeschaffenheit (Rauhigkeit) von einem theoretischen Abfall der Windgeschwindigkeit auf $U_o = 0$ m/s ausgegangen werden kann. Eine angenäherte Berechnung der Luftgeschwindigkeit auf der Höhe des Lufteinlasses eines Windcatchers kann auf der Grundlage meteorologischer Daten[48] erfolgen. Die Berechnung der Windscherung stellt sich im Planungsgebiet bei einer angenommenen Windgeschwindigkeit von $V_{10} = 5{,}5$ m/s[49] und einer angenommenen Windcatcherhöhe von $h_v = 12$ m wie folgt dar:

$$V_{Cat} = V_{10} * \ln(z_2/z_0) / \ln(z_{ref}/z_0)$$ [50]

$$V_{Cat} = 5{,}5\ m/s * \ln(12m / 0{,}4) / \ln(10/0{,}4)$$

$$V_{Cat} \approx 5{,}8\ m/s$$

z_{ref} Referenzhöhe der Windgeschwindigkeit
V_{10} Referenzgeschwindigkeit des Windes
V_{Cat} Windgeschw. auf Höhe des Lufteinlasses
z_2 Höhe des Lufteinlasses
z_0 Rauhigkeitslänge

Anhand der spezifischen Windgeschwindigkeit lässt sich eine Abschätzung des maximal zu erwartenden Druckes (s.a. Kap. 4.5) auf die Zuluftöffnung vornehmen: [51]

$$P_w = C_p * [(\rho_A * U_o^2) / 2]$$

$$P_w = 1{,}0 * [(1{,}1267\ kg/m^3 * 5{,}8\ m/s^2) / 2]$$

$$P_w \approx 19\ Pa$$

[47] Dr. Davenport A. G.: Fachautor von über 200 Veröffentlichungen. Research director des Institute for Catastrophic Loss Reduction, University of Western Ontario.

[48] Meteorologische Daten: Die Windgeschwindigkeit (V_{10}) wird für eine Messhöhe von 10 m angegeben.

[49] Luftgeschwindigkeit 5,5 m/s: Die angesetzte Windgeschwindigkeit liegt in Assuan im Sommer gegen Mittag vor.

[50] Rauhigkeitslänge 0,4: Dieser Wert entspricht einer „kleinstädtischen" Lage.

[51] Die Lufttemperatur wurde mit $t_{AL} = 40$ °C angesetzt. Der Luftdichtewert (ρ_{Luft}) wurde einer Tabelle von Prof. Dr. Ing. Beer, Vorlesung Thermodynamik II, Fachgebiet Technische Thermodynamik, Technische Hochschule Darmstadt TUD, 1992 entnommen.

Im Planungsgebiet kann bei einem Windcatcher mit einer Höhe von h_v = 12 m von einer höhenspezifischen Windgeschwindigkeit von etwa V_{Cat} = 5,8 m/s ausgegangen werden. Der zu erwartende Winddruck liegt in Abhängigkeit des Druckkoeffizienten bei maximal P_w = 19 Pa. Die Luftgeschwindigkeit (V_h) im Inneren des Windcatchers ist in erster Linie von der Luftgeschwindigkeit in Höhe des Lufteinlasses (V_{Cat}) und dem spezifischen Abminderungsfaktor abhängig. Der spezifische Abminderungsfaktor kann i.d.R. nur durch Messungen in Windtunneltests oder durch CFD-Simulationen[52] ermittelt werden. Unter der Annahme eines realistischen Wertes[53] von etwa 0,6 [26, S.89ff] und der am Windcatcher anstehenden Windgeschwindigkeit von V_{Cat} = 5,8 m/s lässt sich die Windgeschwindigkeit innerhalb des Windcatchers ermitteln:

$$V_h = ß * V_{Cat}$$
$$V_h = 0{,}6 * 5{,}8 \text{ m/s} \approx 3{,}5 \text{ m/s}$$

Es zeigt sich, das sich innerhalb eines 12 m hohen Windcatchers eine mittlere Luftgeschwindigkeit von ca. V_h = 3,5 m/s ausbilden würde. Eine Erhöhung der Geschwindigkeit innerhalb des Windcatchers kann beispielsweise erzielt werden, indem der Windsog, welcher sich am Abschluss des Windcatchers ausbildet, genutzt wird. Dies kann z.B. geschehen, indem ein Abluftkanal an das Gebäude angeschlossen wird.

$$V_L = A_{Cat} * V_h$$
$$V_L = 0{,}25 \text{ m}^2 * 3{,}5 \text{ m/s} \approx 0{,}9 \text{ m}^3\text{/s}$$

In Abhängigkeit der freien Querschnittsfläche des Windcatcherschaftes lässt sich der in etwa resultierende Luftvolumenstrom ermitteln [24, S.52]. Bei einer angenommenen freien Querschnittsfläche von A_{Cat} = 0,25 m^2 und einer anste-

52 CFD-Simulation: Strömungsmechanische Simulation (Computational fluid dynamics - engl.)

53 Realistischer Wert: Aufgrund theoretischer Untersuchungen von A. Mahyari kann bei orthogonaler Windanströmung von einem Wert von etwa 0,6 bis 0,8 ausgegangen werden [36, 155ff]

henden Luftgeschwindigkeit von V_h = 3,5 m/s, würde sich bei einer Vernachlässigung aller reibungsbedingter Druckverluste in etwa ein Luftvolumenstrom von V_L = 0,9 m^3/s ergeben. Druckverluste sind prinzipiell nicht zu vernachlässigen, jedoch nicht einfach abzuschätzen. Allgemein ist zu beachten, dass der totale Druckverlust (ΔP_{Catch}) im Windcatcher deutlich unter dem Druckunterschied zwischen der Einlass- und der Auslassöffnung (ΔP_{Diff}) liegen muss, da ansonsten nicht von einer ausreichenden Luftdurchströmung des Windcatchers ausgegangen werden kann.

5.3 Kombinationen aus Solar-Chimney und Windcatcher

Neben reinen Solar-Chimney- oder Windcatchersystemen existieren auch Kombinationen, die beide Systeme verknüpfen. So zeigen z.B. Untersuchungen von Bansal, Mathur und Bhandari[54], dass es in einem Windcatcher, der mit einem Solar-Chimney unterstützt wurde, im Falle solarer Einstrahlung zu deutlichen Veränderungen des Luftvolumenstroms kam [7, S.496ff; 24, S.79ff]. So konnte bei geringen Einstrahlungswerten von unter Q = 100 W/m^2 eine leichte Dämpfung des Abluftvolumenstromes, im Falle von Einstrahlungswerten von Q = 500 W/m^2 eine Erhöhung des Abluftvolumenstromes um etwa 50 % und bei Einstrahlungswerten um Q = 700 W/m^2 eine Verdoppelung des Abluftvolumenstromes verzeichnet werden. Analysen, die u.a. von Givoni[55] durchgeführt wurden, zeigten sogar, dass der Einfluss des Windes im Vergleich zur solar erzeugten Thermik relativ unerheblich ist, was wiederum bedeutet, dass ein kombiniertes System aus Windcatcher und Solar-Chimney in erster Linie ein solar- und kein windbasiertes System darstellt [24, S.79ff; 26, S.96].

5.4 Resultierende architektonische Vorgaben

Wie sich zeigt, kann die Integration eines Solar-Chimney oder Windcatcher effizient zur passiven Gebäudebelüftung beitragen. Um eine optimale Nutzung der systemimmanenten Eigenschaften zu gewährleisten, werden innerhalb der weiteren Bearbeitung folgende Punkte Berücksichtigung finden:

Winddruck soll genutzt werden, um den Zu- und Abluftstrom des solaren Klimatisierungssystems passiv zu unterstützen. Um dies zu gewährleisten, wird

[54] Bansal N.K., Mathur R., Bhandari M.S.: Forschergruppe am Centre for Energy Studies, Indian Institute of Technology, New Delhi/ Indien

[55] Givoni B.: Autor diverser Fachbücher, wie z.B.: Passive Low Energy Cooling of Buildings und Climate Considerations in Building and Urban Design

Abluft in einem Abluftschacht über Dach abgeführt. Ein solar induzierter thermischer Auftrieb der Abluft kann so genutzt werden, um die Druckverluste innerhalb des Abluftstranges zu reduzieren und so die Leistung des Abluftventilators zu minimieren.
Außenluft wird dem Gebäude über einen Windcatcher zugeführt.
Die Integration der aktiven Raumluftkonditionierung wird im Übergang von Zuluftschacht und Gebäude erfolgen. Ziel dieser Anordnung ist es, den temperaturdämpfenden Effekt eines Windcatchers auszunutzen, um so eine passive thermische Vorkonditionierung der Zuluft zu erzielen. Eine Vorkonditionierung kann so genutzt werden, um die Laufzeiten der aktiven Kühlung zu minimieren.
Die Nutzung von Thermik stellt sich als vergleichsweise aufwendig dar, weshalb von einer aktiven Systemintegration abgesehen wird.

6 Mechanische Lüftungs- und Klimaanlagen

Eine Klimaanlage dient der Erzeugung und Aufrechterhaltung eines definierten Innenraumklimas. D.h., eine Klimaanlage soll in einem Gebäudeinnenraum dafür sorgen, dass ein bestimmtes Temperatur- sowie relatives Luftfeuchteniveau innerhalb einer Schwankungsbreite unabhängig von innenräumlichen Vorgängen und außenklimatischen Schwankungen aufrechterhalten bleibt. Aufgrund der thematischen Abgrenzung der vorliegenden Dissertation soll nur auf Fragestellungen der Feuchte- und Temperaturregelung sowie auf die Außenluftzuführung eingegangen werden. Für weitergehende Fragestellungen kann auf die in Deutschland geltende *DIN EN 13779*[56] verwiesen werden.

Erste Anlagen zur Zuluftkonditionierung wurden Anfang des 20. Jahrhunderts in den USA entwickelt. Voraussetzung dieser Entwicklung waren die von *Marvin*[57] im Jahr 1900 veröffentlichten *„Psychometric Tables"*. Im Jahr 1902 erfand *Carrier*[58] für eine New Yorker Druckerei das erste wissenschaftlich hinterlegte Klimatisierungssystem. Die Basis für eine professionelle Entwicklung von Kühltechnik bildeten jedoch erst die von ihm, im Jahr 1911 veröffentlichten *„Rational Psychometric Formulæ"*, welche eine quantitative Erklärung der verschiedenen Wasserdampfzustände beinhaltete. Der Begriff „Air-Condition" wurde 1906 von *Cramer*[59] definiert, der damit ein Patent verband [24, S.65f]. Erste Anwendungen wurden in Apparaten realisiert, die auf der Basis der adiabaten[60] Verdunstungskühlung eine direkte Lufttemperierung vornahmen. In den 30er Jahren des letzten Jahrhunderts folgten Konstruktionen, die mit hölzernen, außenliegenden Wassertanks arbeiteten. Das Wasser der Tanks wurde aufgrund einer direkten Verdunstung gekühlt und anschließend durch Autokühler geführt, die vor einer Fassade montiert worden waren. Die Zuluft eines Gebäudes wurde über die Kühler geführt und so indirekt abgekühlt. Eine Pumpe sorgte für eine Wasserzirkulation [24, S.65f; 37, S.86f].

56 DIN EN 13779: Lüftung von Nichtwohngebäuden; Allgemeine Grundlagen und Anforderungen für Lüftungs- und Klimaanlagen und Raumkühlsysteme

57 Marvin C. F.: Meteorologe (1858-1943)

58 Carrier W. H. Dr.: Ingenieur und Erfinder (1876 - 1950), gilt als Erfinder der modernen Klimaanlage.

59 Cramer S. H.: Der Textilingenieur nutzte den Ausdruck „Air-Condition" für ein Patent zur Garnbefeuchtung.

60 Adiabate Vorgänge: Thermodynamische Prozesse, bei denen Systeme von einem Zustand in einen anderen überführt werden können, ohne das dabei thermische Energie mit der Umgebung ausgetauscht wird.

Eine heutige Vollklimaanlage erfüllt neben der Lüftungsfunktion die thermodynamischen Funktionen Heizen, Kühlen, Befeuchten und Entfeuchten. Erfüllt eine Anlage nur zwei bzw. drei der thermodynamischen Funktionen, so spricht man von einer Teilklimaanlage. Sofern nur eine oder keine der thermodynamischen Funktionen ausgeführt werden können, spricht man von einer Lüftungsanlage. Der im englischen verwendete Begriff „Air-Conditioning" steht i.d.R. lediglich für ein System zur Raumluftkühlung.
Eine Lüftungsanlage ist ein System, um Außenluft zu bzw. Abluft fortzuführen. Je nach Anforderung existieren Abluftanlagen mit kontrollierter Abluft, Zuluftanlagen mit kontrollierter Zuluft oder kombinierte Zu- und Abluftanlagen, die als Verbundlüftungsanlagen bezeichnet werden.
Bei Abluftanlagen wird Raumluft mittels eines Ventilators aus dem Raum abgeführt. Zuluft wird über Öffnungen in der Gebäudehülle oder über benachbarte Räume zugeführt. Vorteile dieser Systeme liegen in der geringen Ausbreitung von Raumluftbelastungen der angeschlossenen Zonen in angeschlossene Bereiche, da das System im angeschlossenen Raum einen leichten Unterdruck erzeugt.
Bei Zuluftanlagen erfolgt im Gegensatz zu Abluftanlagen eine Zufuhr von Außenluft in den zu belüftenden Bereich. Abluft wird aufgrund des entstehenden Überdrucks über Öffnungen und Undichtigkeiten in der Gebäudehülle ins Freie oder über Türen in angrenzende Bereiche abgeführt. Vorteile eines solchen Systems liegen beispielsweise darin, dass die Zufuhr von Staub in Bereiche aus angrenzenden Zonen unterbunden werden kann. Eine Wärmerückgewinnung kann aufgrund des Aufbaus von Zu- bzw. Abluftanlagen nur schwierig erfolgen.

6.1 Feuchte- und Temperaturregelung von Klimaanlagen

Die Temperaturerhöhung der Zuluft kann über ein elektrisches Nachheizregister oder einen warmwasserdurchflossenen Wärmetauscher erfolgen.

Das Anheben des relativen Luftfeuchteniveaus der Zuluft kann über die Verdunstung oder Verdampfung von Wasser erfolgen. Im ersten Fall kommt es durch die Wasseraufnahme zwangsweise zu einer Absenkung der Zulufttemperatur. Im Falle der Verdampfung muss die Verdampfungsenthalpie über die Erwärmung des Wassers zugeführt werden.

Sofern eine Feuchtereduktion der Zuluft erfolgen soll, kann diese einerseits durch eine Abkühlung der Zuluft unterhalb der Taupunkttemperatur oder anderseits durch den Einsatz hygroskopischer Feststoffe (Adsorbentien) wie Silikagel oder hygroskopischer Lösungen (Absorbentien) wie bspw. einer Chlorkalziumlösung erfolgen. Wird die Entfeuchtung mittels Adsorbentien umgesetzt, kommt in der Regel ein Sorptionsrad zum Einsatz, dass vergleichbar einem Rotationswärmetauscher in das System eingebunden wird. Sofern flüssige Absorbentien zum Einsatz kommen, werden diese typischerweise im freien Zuluftvolumenstrom über Rieselkörper geführt, so dass eine Absorption des in der Zuluft geführten Wasserdampfes möglich ist.

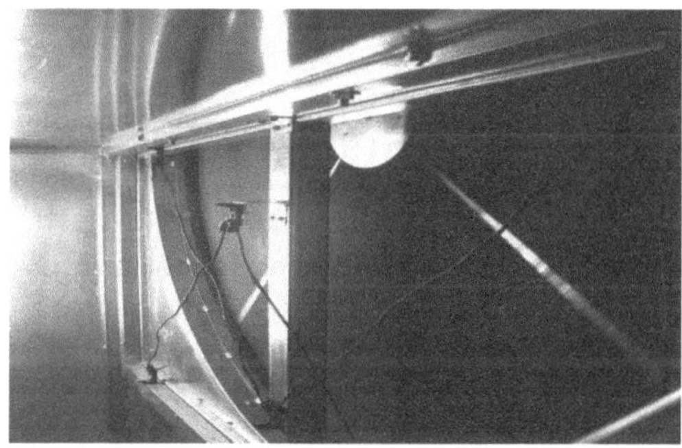

Abbildung 25: Sorptionsrad mit Silikagel im Prototyp einer Klimaanlage [B 3]

Die Regelung der relativen Feuchte kann in erster Linie über eine indirekte oder direkte Feuchteregelung erfolgen.

Bei der indirekten Regelung (Taupunktregelung) muss lediglich die Lufttemperatur gesteuert werden, was den Aufbau des Systems wesentlich vereinfacht. Aufgrund der spezifischen Eigenschaften der Taupunktregelung muss die Luft jedoch immer bis zur Taupunkttemperatur abgekühlt und anschließend wieder auf die geforderte Temperatur nacherwärmt werden. Die folgenden Diagramme zeigen die Funktion der Taupunktregelung in der Heiz- und in der Kühlperiode.

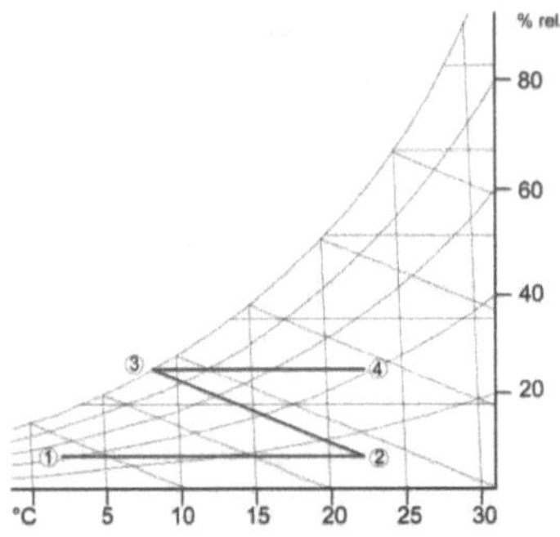

Abbildung 26: Taupunktregelung in der Heizperiode / Beispielhafte Zustandsänderung der Zuluft [I 10]

Während der Heizperiode wird kalte Außenluft (1) angesaugt, erwärmt (2) und anschließend im Befeuchter annähernd bis zur Sättigungsgrenze befeuchtet (3). Die adiabate Befeuchtung führt zu einer Abkühlung der Luft. Durch eine anschließende Nacherwärmung der Zuluft kann das gewünschte Temperatur- und Feuchteniveau (4) realisiert werden.

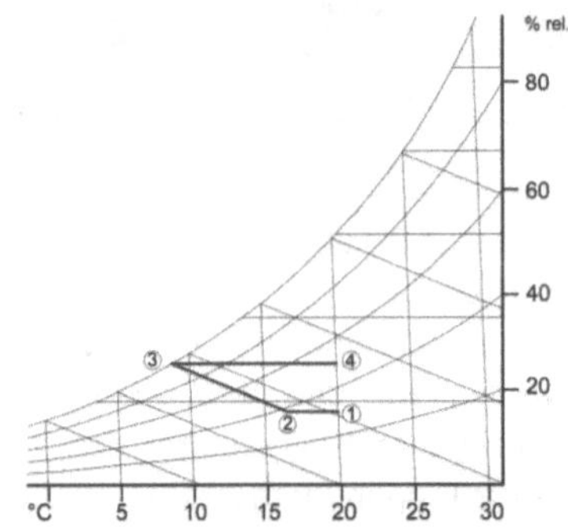

Abbildung 27: Taupunktregelung in der Kühlperiode / Beispielhafte Zustandsänderung der Zuluft [I 10]

In der Kühlperiode wird angesaugte Luft (1) zuerst indirekt abgekühlt (2) und anschließend im Befeuchter nahezu gesättigt (3). Durch eine anschließende Nacherwärmung der Zuluft kann das gewünschte Temperatur- und Feuchteniveau (4) erzielt werden.

Aus den Abb. 26 und 27 wird deutlich, dass es beim Einsatz einer Taupunktregelung immer zu einer Abkühlung der Zuluft bis nahezu auf das Taupunkttemperaturniveau kommt und erst eine anschließende Nacherwärmung den gewünschten Raumluftzustand herbeiführt. Diese Regelung stellt sich somit bei allen Außenluftzuständen, die oberhalb der Taupunktadabiate verlaufen, als extrem unwirtschaftlich dar.

Die direkte Feuchteregelung erfordert im Gegensatz zur indirekten Regelung einen deutlich höheren Regelaufwand, kann jedoch als deutlich nachhaltiger eingestuft werden. Das System muss zusätzlich mit einem Feuchtefühler verbunden sein, der entweder im zu klimatisierenden Raum oder im Abluftkanal des Raumes installiert ist. Dieser muss über eine Regeleinheit mit dem Heiz-, Kühl- und Befeuchterventil in Verbindung stehen. Die folgenden Diagramme zeigen die Taupunktregelung während der Heiz- und Kühlperiode.

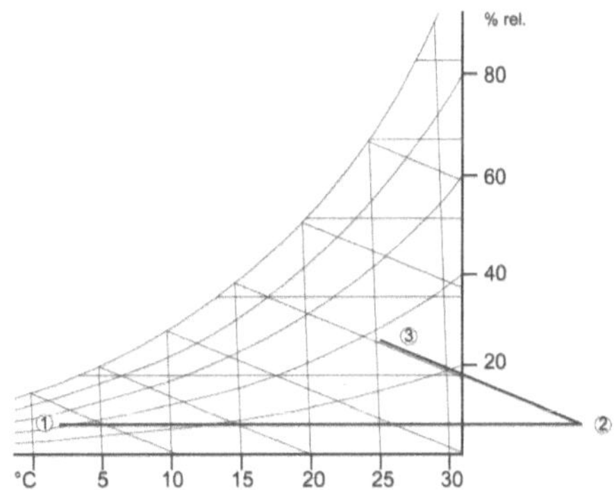

Abbildung 28: Feuchteregelung in der Heizperiode / Beispielhafte Zustandsänderung der Zuluft [I 10]

Im Winter wird angesaugte Außenluft (1) erwärmt und anschließend befeuchtet (2). Der adiabate Prozess führt zu einer höheren relativen Feuchte und einem niedrigeren Temperaturniveau (3) der Zuluft. Das gewünschte Temperatur- und Feuchteniveau wird durch die adiabate Abkühlung erzielt.

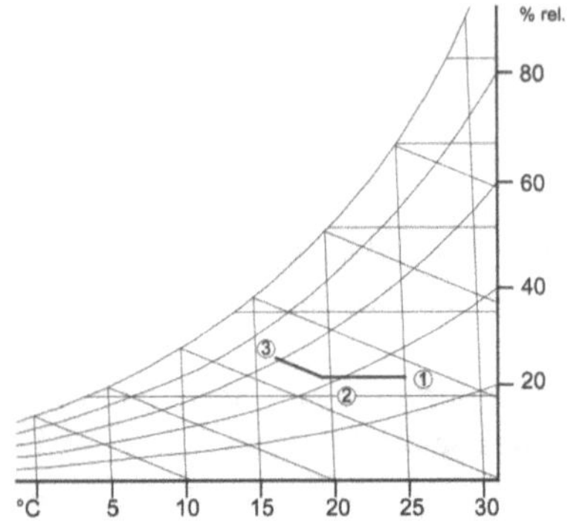

Abbildung 29: Feuchteregelung in der Kühlperiode / Beispielhafte Zustandsänderung der Zuluft [I 10]

Im Sommer wird die angesaugte Außenluft (1) indirekt vorgekühlt (2) und anschließend im Befeuchter direkt nachgekühlt (3). Durch die adiabate Abkühlung wird das geforderte Temperatur- und Luftfeuchteniveau erzielt.

6.2 Zulufttemperatur einer Lüftungs- oder Klimaanlage

Wird Zuluft vor sonnenexponierten Flächen angesaugt, können im Unterschied zu verschatteten Flächen erhebliche Zulufttemperaturunterschiede auftreten.

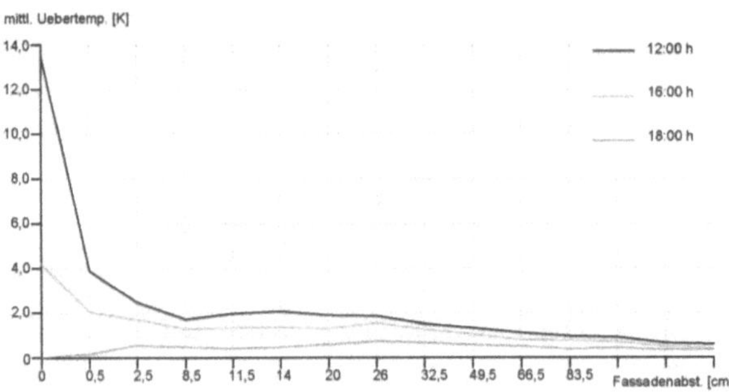

Abbildung 30: Beispiel mittl. Übertemperaturen vor einer sonnenexponierten Fassade [8, S.60]

Bei exponierten Zonen liegt ein direkter Zusammenhang zwischen der vorhandenen Strahlungsintensität und der resultierenden Zulufttemperatur vor.

6.3 Resultierende lüftungstechnische Vorgaben

Wie dargelegt, hat die Regelung der Zulufttemperatur einen entscheidenden Einfluss auf die Effizienz eines Klimatisierungssystems. In der weiteren Bearbeitung soll deshalb von einer modifizierten Feuchteregelung ausgegangen werden. Diese Modifizierung soll aufgrund der spezifischen makroklimatischen Standortbedingungen erfolgen und ist mit einer deutlichen Einsparung an Wasser verbunden. Die Feuchteregelung soll in Form eines Splittings zwischen dem Zuluftvolumenstrom und einem geschlossenen Prozessluftvolumenstrom zum Einsatz kommen. D.h., ein Prozessluftvolumenstrom wird indirekt durch Abluft vorgekühlt und anschließend direkt adiabat abgekühlt. Der vorgekühlte Prozessluftvolumenstrom kann anschließend indirekt am Zuluftstrom vorbeigeführt werden, wobei sich die Temperatur der Zuluft abkühlt und es auch zu einer deutlichen Erhöhung des standortbedingten niedrigen Luftfeuchteniveaus der Zuluft kommt. Die Regelung der Zulufttemperatur kann über die Befeuchtungsrate des Prozessluftvolumenstroms erfolgen.

Im Weiteren soll die Ansaugstelle der Zuluft derart gesetzt werden, dass Zuluft keine planungsbedingten Übertemperaturen aufweist.

7 Adiabate Verdunstungskühlung

Prinzipiell kommt es zu einer adiabaten Kühlung, wenn Wasser in einem nicht mit Wasserdampf gesättigten Medium verdunstet wird. Da die zur Verdunstung des Wassers benötigte Energie dem umgebenden Medium entzogen wird, kühlt sich dessen Temperatur ab. Der Prozess wird generell als adiabate Verdunstungskühlung bezeichnet. Das Prinzip der Kühlung basiert darauf, dass eine verhältnismäßig große Menge an Energie aufgewendet werden muss, um eine relativ kleine Menge Wasser in Wasserdampf zu überführen und somit dessen Aggregatzustand zu verändern [24, S.65f].

Um die Masse von M = 1 l Wasser bei Druck unter Normalbedingungen[61], d.h. bei P = 1013,25 hPa um die Temperatur von T = 1 K zu erwärmen, wird ein Energiebedarf von Q = 1 kcal[62] benötigt. Desweiteren werden bei gleichbleibenden Druckverhältnissen Q = 539 kcal, also ca. Q = 2257 kJ benötigt, um M = 1 l Wasser zu verdampfen. D.h., um M = 1 l Wasser einer Temperatur von t = 20 °C vollständig zu verdampfen, bedarf es einer Enthalpie von Q = 619 kcal. Um den Siedepunkt zu erreichen, werden Q = 80 kcal und um einen Phasenwechsel zu vollziehen, weitere Q = 539 kcal benötigt. Physikalisch gesehen ist der Siedepunkt eines Stoffes bei gleichem Druck von seiner molaren Masse abhängig. Generell gilt, dass eine höhere molare Masse bei gleichen Druckverhältnissen zu einem höheren Siedepunkt[63] führt. Die Siedetemperatur eines Stoffes ändert sich wiederum in Abhängigkeit des Druckes. Der Normalsiedepunkt von Wasser, der bekannterweise bei t = 100 °C liegt, bezieht sich demnach auf den Normaldruck von P = 1013,25 hPa. Eine Absenkung des Druckes führt somit auch zu einer Absenkung des Siedepunktes und umgekehrt. Die Energie, die für die Verdampfung eines Mols[64] eines Stoffes aufgebracht werden muss, wird als Verdampfungsenthalpie bezeichnet [24, S.103f].

[61] Normalbedingungen: Nach Norm DIN 1343 - Referenzzustand, Normzustand, Normvolumen, Begriffe, Werte liegt der Gasdruck bei P = 1013,25 hPa

[62] Der Gebrauch der Einheit Kalorie ist allgemein nicht mehr üblich. Die Einheit Kalorie wird in diesem Fall jedoch genutzt, da sie zu einem einfacheren Verständnis beiträgt. Hierbei entspricht 1 kcal ≈ 4,186 kJ

[63] Siedepunkt: Stoffe, die eine Siedepunktanomalie aufweisen, müssen von dieser Aussage ausgenommen werden.

[64] Mol: Stoffmenge eines Systems, das aus genauso viel Atomen besteht, wie es Einzelteile aufweist

7.1 Adiabate Kühlsysteme

Da die Effizienz eines adiabaten Systems von der Differenz der Lufttemperatur zur Taupunkttemperatur abhängt, ist die Effizienz eines solchen Systems bei einer größeren Differenz entsprechend höher. Die Differenz zwischen der Lufttemperatur und der Feuchttemperatur wird als psychometrische Differenz bezeichnet. In trocken-heißen Regionen verlaufen die Veränderung des Kühlleistungsbedarfs (externe Lasten) und die psychometrische Differenz z.T. in etwa proportional zu einander.

Die Effizienz einer adiabaten Verdunstungskühlung hängt desweiteren insbesondere von den Wärmeübergängen des Systems ab. Betrachtet man einen Wassertropfen, der in ein System zur Gebäudeluftkonditionierung eingebracht wird, zeigt sich folgendes:

Sofern die umgebende Luft nicht kühler als der Wassertropfen ist, erfolgt ein Wärmeübergang vom Umgebungsmedium zur Wassertropfenoberfläche. D.h., die Temperatur des Wassertropfens steigt stetig an. Die latente Energie, die benötigt wird, um einen Phasenwechsel zu vollziehen, kühlt die Luft mit dem zugehörigen Teildampf aufgrund des Wärmeentzuges jedoch wieder ab. Das Gleichgewicht dieses Vorganges bildet die Feuchttemperatur [24, S.71f].

Die rechnerisch exakte Vorhersage einer in einem Medium zu erwartenden Verdunstungsmenge stellt in der Praxis ein relativ großes Problem dar, da sich die Temperatur, der Druck und auch der Sättigungsgrad innerhalb eines Systems ständig ändern.
Ein erster Anhaltspunkt über die mögliche Innenraumkühlung lässt sich dennoch relativ einfach darstellen. Die latente Wärme, die benötigt wird, um $m = 1\,l$ Wasser in einer Stunde zu verdampfen, beträgt wie dargestellt ca. $Q = 2256{,}7$ kJ/kg. Die Kühlleistung Q_{lat} stellt sich demnach wie folgt dar:

$$Q_{lat} = 2.256.685 \text{ J/h}$$
$$Q_{lat} = 2.256.685 \text{ J} / 3600\text{s}$$
$$Q_{lat} \approx 627 \text{ W}$$

Generell muss zwischen direkten und indirekten Systemen der Verdunstungskühlung unterschieden werden. Bei einer direkten Verdunstungskühlung erfolgt die Verdunstung von Wasser direkt innerhalb des Kühlluftvolumenstroms. Bei indirekten Systemen wird Abluft i.d.R. adiabat abgekühlt und über einen Wärmetauscher geführt. Über diesen Wärmetauscher geführte Zuluft wird so indirekt abgekühlt und anschließend in das zu kühlende Raumvolumen eingebracht. Bei der indirekten Verdunstungskühlung kommt es somit zu einem Anstieg der relativen, nicht aber der absoluten Feuchte, bei der direkten Verdunstungskühlung zu einem Anstieg beider Feuchtigkeitswerte.

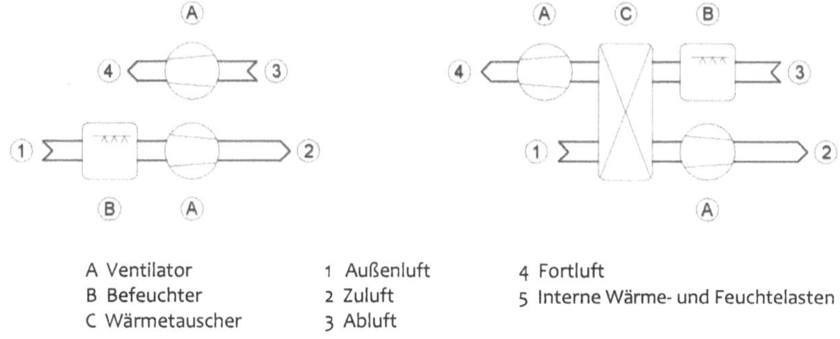

Abbildung 31: System. Aufbauten einer direkten und indirekten adiabaten Verdunstungskühlung

Die vorangegangen Systemskizzen sowie nachfolgenden H-x Diagramme zeigen exemplarisch den Systemaufbau sowie den Unterschied der einzelnen Raumluftzustände im Falle einer direkten und indirekten adiabaten Verdunstungskühlung. Deutlich zeigt sich, dass die unterschiedlichen Systemaufbauten zu einer stark divergierenden relativen und absoluten Feuchte der Zuluft führen.

Im Falle der direkten Verdunstungskühlung kommt es zu folgendem Vorgang: Außenluft (1) wird dem Befeuchter (B) zugeführt und befeuchtet. Die Lufttemperatur (2) der Zuluft fällt ab, die relative und absolute Feuchte der Zuluft steigt an. Die Zuluft wird dem Innenraum über einen Ventilator zugeführt. Durch interne Wärmelasten (5) des Gebäudeinnenraums steigt das Temperaturniveau der Raumluft an, das Niveau der relativen Feuchte fällt ab. Die Luft wird als Abluft (3) aus dem Gebäudeinnenraum fortgeführt (4).
Im Falle eines indirekten Systems stellt sich der Vorgang wie folgt dar: Außenluft (1) wird über einen Wärmetauscher (C) geführt, so dass dessen Temperatur abfällt. Die abgekühlte Luft (2) wird mittels eines Zuluftventilators in das Ge-

bäudeinnere transportiert. Im Innenraum nimmt die Temperatur zu, das Niveau der relativen Feuchte (5) fällt ab. Die feuchtwarme Abluft (3) wird aus dem Innenraum abgeführt und in einem Befeuchter (B) nachbefeuchtet, wodurch sich diese stark abkühlt und die absolute Feuchte der Luft stark zunimmt. Nachfolgend wird die Abluft über einen Wärmetauscher (C) geführt und die Wärme der Zuluft aufgenommen. Die erwärmte, feuchte Abluft wird in den Außenraum als Fortluft (4) abgeführt.

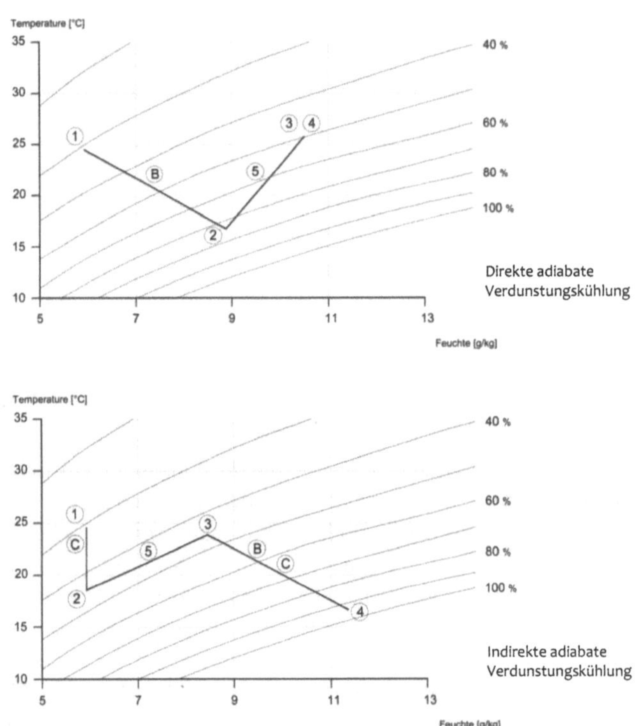

Abbildung 32: Systematische H-x Diagramme einer direkten und indirekten adiabaten Verdunstungskühlung [15, S.23] (Annahmen: Innenraumtemperatur t_{RL} = 24,5 °C; rel. Feuchte φ_{RL}=35 % bzw. 40 %, Eine Lufttemperaturerhöhung durch den Ventilator ist in der Darstellung unberücksichtigt)

Ein Beispiel direkter Verdunstungskühlsysteme stellen die als „Swamp"- oder „Dessert-cooler" bekannten Bauweisen dar. Aufgrund ihres Aufbaus können diese mit den ersten Entwicklungen der air-conditioning Systeme (s.a. Kap. 6) verglichen werden. Im Unterschied zu den historischen Modellen wird deren Korpus jedoch nicht mehr aus Holz, sondern aus Stahlblech oder Kunststoff gefertigt. Ebenso wurden Verdunstungsmatten aus Aspenfasern[65] durch Zellulosevliese, den sogenannten „Evaporation-Pads“ [66] ersetzt [24, S.82]. Systeme dieser Bauart können als ein-, zwei- oder mehrstufige Systeme aufgebaut sein. Mehrstufige Systeme kombinieren einzelne Verdunstungsvorgänge. Einstufige Systeme bestehen meist aus einem perforierten Metall- oder Kunststoffgehäuse, das innenseitig als Träger für Verdunstungsmatten dient. Eine Pumpe mit Wasseranschluss sorgt für eine dauerhafte Befeuchtung der Matten [24, S.82f].

Neben ventilatorgesteuerten Systemen existieren auch Systeme, die mit Thermik bzw. Winddruck arbeiten. Sogenannte Evaporative-Cooling-Tower (ECT) stellen eine Kombination aus Windcatcher (s.a. Kap. 5.2) und Verdunstungskühler dar. Diese Systeme arbeiten mit einer direkten adiabaten Verdunstungskühlung. Als Anhaltspunkte für die Leistungsfähigkeit solcher Systeme kann auf Versuche von *M. Bahadori*[67] verwiesen werden, der einen Windcatcher mit einem einfachen direkten Verdunstungskühlsystem ausstattete. Das von Bahadori getestete System arbeitete mit innenliegenden gebrannten, unglasierten Tonrohren. Durch die Rohre wurde Wasser gepumpt und verdunstete im Zuluftstrom des Windcatchers [24, S.74f; 26, S.235]. Anhand der Abb. 33 kann für unterschiedliche Zulufttemperaturen klar abgelesen werden, dass sich die Lufttemperatur sowie die relative Luftfeuchte im Inneren des Windcatchers mit zunehmender Fallhöhe der Zuluft deutlich ändern. Es zeigt sich, dass sich die Temperaturkurve sowie die Zunahme der relativen Luftfeuchtigkeit exponentiell verhalten. Die Temperatur fällt insbesondere in den ersten Metern stark ab. Bei einer Außentemperatur von t_{AL} = 45 °C sank die Temperatur der Zuluft im betrachteten Fall innerhalb der obersten 3 m um ca. T = 13 K auf t = 32 °C ab. Die Luftfeuchtigkeit stieg im gleichen Bereich von ca. φ_{AL} = 17 % auf φ = 47 % an. Es zeigt sich ebenfalls, dass die wirksame Höhe dieses Evaporative-Cooling-Tower in Verbindung mit den vorliegenden Windgeschwindigkeiten nicht höher als h_v = 4,5 m sein sollte, da die relative Luft-

[65] Aspenfasern: Die Aspe wird auch als Espe oder Zitter-Pappel bezeichnet.

[66] Evaporation-Pads: Evaporation (engl.) = Verdunstung

[67] Mehdi N. Bahadori, PhD: U.a. Mitautor des Buches: Solar Energy Application in Buildings. Autoren: Mehdi N. Bahadori und Ali A.M. Sayigh

feuchte der Zuluft ansonsten über φ = 60 % ansteigen würde. Das von Bahadori getestete System war einfach aufgebaut und ließ keinerlei Regelung der Verdunstungsmenge zu. Dies bedeutet wiederum, dass es weder möglich war, die relative Luftfeuchte noch die Temperatur der Zuluft zu steuern.

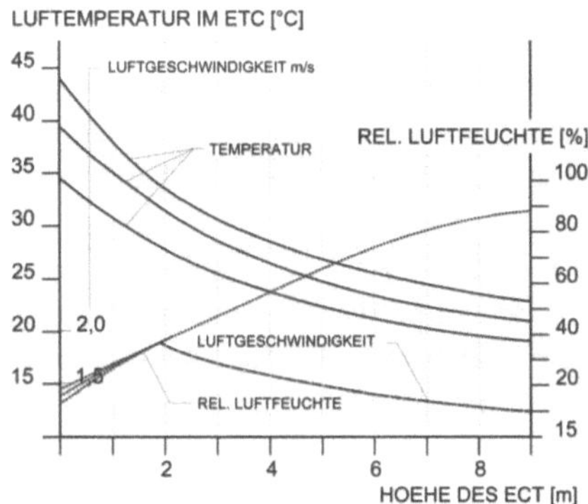

Abbildung 33: Verlauf von Temperatur- und relativer Luftfeuchte im Versuchsaufbau eines Evaporative-Cooling-Tower von M. Bahadori (Windgeschwindigkeit V_{10} = 5 m/s) [24, S.74; 26, S.235]

Mit industriellen Befeuchtungsanlagen ausgestattete Evaporative-Cooling-Tower wurden u.a. auf der Expo 1992 in Sevilla errichtet. So stellte beispielsweise die „Avenue of Europe" der Architekten Lippsmeier + Partner sowie Hennin-Normier einen großräumig überdachten Bereich mit den Abmessungen von 40 m x 300 m dar, der mit insgesamt 12 Verdunstungskühltürmen thermisch konditioniert wurde [24, S.74ff]. Die Höhe eines Kühlturmes betrug h_v = 30 m. Der Durchmesser der Evaporative-Cooling-Tower lag bei Ø = 3m - 8 m. Die Türme wurden mit jeweils 9 wasserführenden Ringen ausgestattet, die wiederum je über 8 Düsenköpfe verfügten. Über einen Sprühkopf wurden ca. V = 7,3 l/h Wasser ausgebracht und im freien Luftstrom verdunstet. Das System wurde so konzipiert, dass kein Auffangbecken unterhalb der Verdunstungskühltürme benötigt wurde [24, S.77f].

Generell kann die Steuerung der relativen Feuchte und der Temperatur der Zuluft innerhalb eines direkten Verdunstungskühlsystems über industrielle Befeuchtungsanlagen erfolgen. Eine regelbare Wasserabgabe kann so bspw. in Form eines feinen Nebels erfolgen. Hochfrequenzzerstäuber arbeiten bspw. mit einem Druck von ca. P = 70 - 80 bar, wobei Wasser in feinste Partikel mit einem

Durchmesser von ca. Ø = 10 My zerstäubt wird [10, S.7]. Als Referenzgröße kann darauf hingewiesen werden, dass ein Wassertropfen eines Durchmessers von ca. Ø = 1mm in etwa 1.000.000 Wassertröpfchen zerstäubt werden muss, damit feinste Tröpfchen eines Durchmessers von Ø = 1 My entstehen. Die Oberfläche der feinen Tröpfchen ist somit etwa 10.000mal größer als die des Ursprungstropfens, was eine schnelle Verdunstung in der umgebenden Luft fördert. Ausschlaggebend für die Effizienz eines ECT ist neben dem Durchmesser eines Wassertropfens ebenso der Zeitraum, in welchem sich ein Wassertropfen im freien Luftstrom befindet. Dies bedeutet, dass der Durchmesser der zur Verdunstung eingebrachten Wassertropfen in Relation zu den Standortbedingungen und zur Verfügung stehenden Fallzeit stehen muss. An arid-heißen Standorten (relative Luftfeuchte ca. φ_{AL} = 10 %) und einer angenommenen Fallzeit von t_h = 2 - 5 s sollten die in einem adiabaten System zur Verdunstung eingebrachten Wassertropfen einen Durchmesser von etwa Ø = 60 µm - 100 µm aufweisen [24, S.76f; 31, S.619]. Größere Tropfendurchmesser können i.d.R. nur durch extreme Fallhöhen kompensiert werden. Als Basis dieser Maßgabe kann von einem angenommenen Verdunstungszeitraum eines Wassertropfens von etwa t_h = 2 - 5 s ausgegangen werden. Als Vergleichswert kann darauf hingewiesen werden, dass sich ein von einer 1,5 m hohen Fontäne abgegebener Wassertropfen etwa t_h = 2 s in der Luft befindet, bevor dieser wieder in ein Wasserbecken eintaucht [24, S.76; 32, S.502]. Aufgrund des permanenten Wasserverbrauchs sollten Evaporative-Cooling-Tower in arid-heißen Gebieten nicht zum Einsatz kommen.

Eine Form der indirekten adiabaten Verdunstungskühlung wurde vor wenigen Jahren innerhalb des Projektes „Physikalisches Institut Adlershof" realisiert und durch die Technische Universität Berlin wissenschaftlich begleitet [I 9]. Auf dem Gebäude des Berliner Instituts wird Regenwasser in Zisternen gesammelt und bei Bedarf mehreren zentralen Klimaanlagen zugeführt. Eine Anlage ist derart aufgebaut, das gesammeltes Regenwasser im Abluftvolumenstrom verrieselt wird, so dass es zu einer adiabaten Abkühlung der warmen Abluft kommt. Die abgekühlte Abluft wird in einem zweiten Schritt über einen Wärmetauscher geführt. Die Zuluft wird im Gegenstrom über denselben Wärmetauscher geführt und somit indirekt abgekühlt. Mit der in Berlin realisierten Anlage lassen sich bei vorhandenen Außentemperaturen von bis zu t_{AL} = 30 °C Zulufttemperaturen von etwa t = 21 °C - 22 °C realisieren, ohne dass weitere Kühltechniken zugeschaltet werden müssen. In einem Monitoring konnte mit dem System, im Vergleich zu einer konventionellen Anlage (Kompressionstechnik), eine Reduktion des üblichen Energieverbrauchs von über 67 % nachgewiesen werden. Auf zusätzliche, konventionelle Kältetechnik muss erst ab einer Außentemperatur von über t_{AL} = 30 °C zurückgegriffen werden [I 5].

Neueste Entwicklungen im Bereich der dezentralen Anlagentechnologie greifen den Prozess der indirekten adiabaten Kühlung auf, setzen diesen im Vergleich zu dem in Berlin realisierten System jedoch effizienter um.
Das nachfolgend dargestellte System [20, S.5] arbeitet ebenfalls mit einem Wärmetauscher, in dem adiabat abgekühlte Luft im Gegenstrom an warmer Außenluft vorbeigeführt wird, um diese dann in Form von kühler Zuluft in das Gebäude einzubringen. Die Besonderheit des Systems liegt in einem Splitting des Zuluftvolumenstroms.

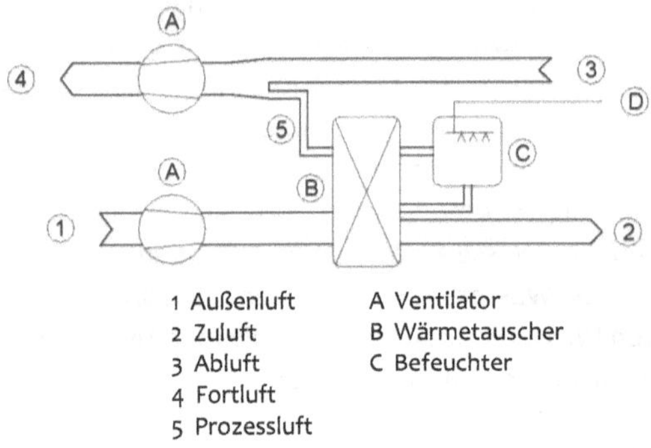

Abbildung 34: Indirekte adiabate Kühlung mit Zuluftvolumenstromsplitting (schematische Darstellung)

Innerhalb dieses Prozesses wird Außenluft (1) über einen Wärmetauscher (B) geführt und dabei indirekt abgekühlt. In etwa zwei Drittel des kühlen Luftvolumenstroms wird in den Innenraum des Gebäudes geführt (2), ein Drittel des Luftvolumenstroms wird jedoch über eine im Wärmetauscher integrierte Befeuchtungseinheit (C) geführt und somit in einem zweiten Schritt deutlich unter das Temperaturniveau des in den Innenraum eingebrachten Luftvolumens abgekühlt. Dieser Prozessluftvolumenstrom (5) wird dem warmen Abluftvolumenstrom (3) nach dem Verlassen des Wärmetauschers (B) beigemischt. Die daraus resultierende Mischluft wird als Abluft (4) abgeführt. Der Transport der Zu- sowie der Abluft erfolgt über Ventilatoren (A), die Wassereinspeisung kann über eine Pumpe oder anstehenden Leitungsdruck erfolgen (D). Die aus dem Splitting der Zuluft gewonnene Prozessluft wird somit zur Kühlung der Zuluft genutzt. Die Prozessluft wird in einem ersten Schritt indirekt vorkonditioniert und in einem zweiten Schritt direkt nachkonditioniert. Diese Systematik führt somit zu deutlich niedrigeren Prozesslufttemperaturen als diese mit einfachen passiven Verdunstungskühlungen erzielt werden könnten.

Die Güte des Prozesswassers unterliegt einem bestimmten Anforderungsprofil, so dass nicht alle Wässer, genutzt werden können. Allgemein sollten Systeme dieser Bauart aufgrund des Wasserverbrauchs in arid-heißen Gebieten nicht zum Einsatz kommen.

8 Bekannte solarthermische Klimatisierungssysteme

Abhängig von den Randbedingungen des Standortes, der Zusammensetzung der Kühllasten sowie der Gebäudenutzung können allgemein unterschiedliche Klimatisierungssystematiken zum Einsatz kommen. Die unten stehende Entscheidungshilfe wurde von der IEA[68] entwickelt und soll die Auswahl geeigneter Anlagen erleichtern.

Im Sinne dieser Dissertation werden jedoch nur solar basierte bzw. solar unterstützte Systeme betrachtet, die kalte Luft generieren und somit direkt in Verbindung mit einer natürlichen Ventilation zur Anwendung kommen können.

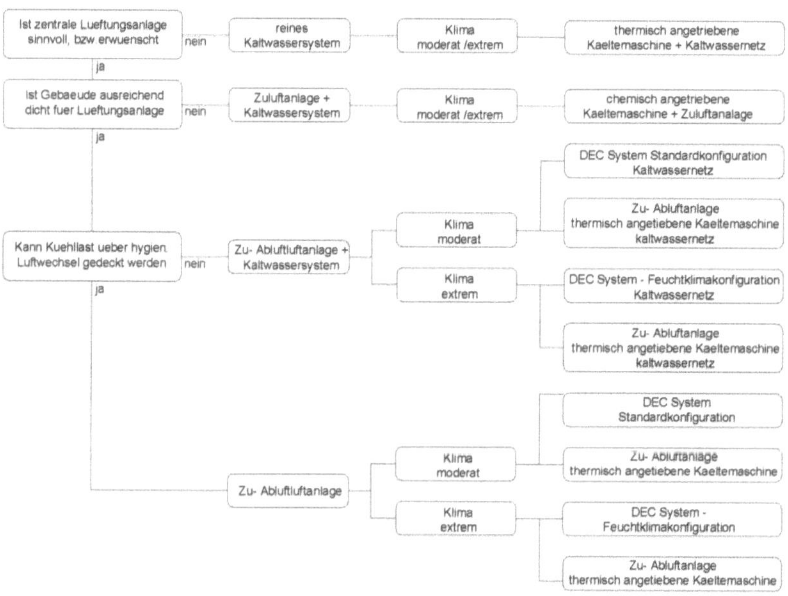

Abbildung 35: Entscheidungsschema Systemauswahl [17, S.48]

Neben den in dieser Dissertation betrachteten Prozessen könnten prinzipiell weitere Prozesstechnologien zum Einsatz kommen, die ebenfalls auf der Nut-

[68] IEA: International Energy Agency; Paris

zung von Solarenergie aufbauen. Nachfolgende Abb. 36 zeigt eine Übersicht der derzeit bekannten Technologien. Die innerhalb der vorliegenden Dissertation betrachteten Prozesse können in den Bereich der Wärmetransformation eingeordnet werden.

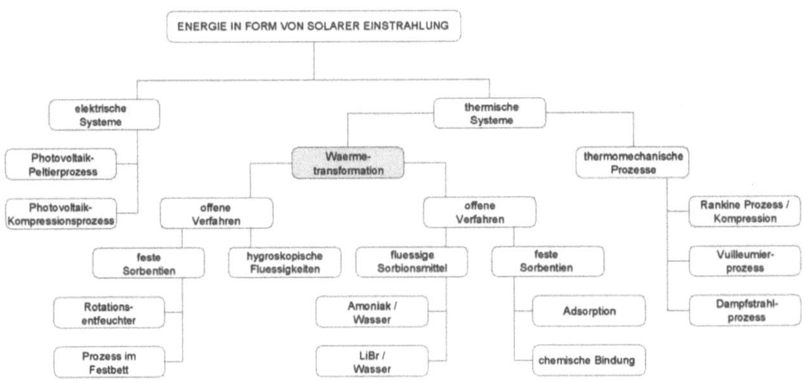

Abbildung 36: Kühlprozesse die mit solarer Energie angetrieben werden können [15, S.3; 16, S.4]

8.1 Offene adiabat-sorptive[69] Systeme

Anlagen, die auf der Basis einer adiabaten Verdunstungskühlung in Verbindung mit Sorptionsmitteln arbeiten, werden in der Regel als sorptionsgestützte Klimatisierung oder „Desiccant-evaporation-cooling“ (DEC) bezeichnet. Im Unterschied zu direkten oder indirekten adiabaten Verdunstungssystemen arbeiten Systeme dieser Bauart mit einer vorgeschalteten Trocknung der Luft, die über eine Sorption des in der Zuluft enthaltenen Wasserdampfes erfolgt. Eine Wasserdampfsorption ermöglicht deutlich höhere Absenkungen der Zulufttemperaturen, ohne das mit Kondensatanfall gerechnet werden muss. Sofern keine Entfeuchtung der Zuluft erfolgt, kann ein solches System vergleichbar einer indirekten adiabaten Verdunstungskühlung genutzt werden. Eine Kühlung der Zuluft ohne sorptive Entfeuchtung der Zuluft könnte beispielsweise erfolgen, sofern das System nur im Teillastbetrieb betrieben werden soll.

[69] Adsorption: (*lat.: adsorptio bzw. adsorbere = an-saugen*) Anreicherung von gasförmigen Stoffen oder Flüssigkeiten an der Oberfläche eines Festkörpers. Absorption: Aufnahme eines Atoms oder Moleküls im freien Volumen eines absorbierenden Stoffes.

Besonders interessant stellen sich sorptionsgestützte Klimatisierungen vor dem Hintergrund der hohen zeitlichen Deckung aus anfallender externer Wärmelast und daraus resultierendem Kühlleistungsbedarf sowie der durch die solare Einstrahlung beeinflussten Systemleistung dar. Bei solar autarken Anlagen ohne Sorbensspeicherung ist jedoch zu beachten, dass mit einem Prozentsatz an Stunden gerechnet werden muss, an denen die Behaglichkeitskriterien eines angeschlossenen Innenraums nicht eingehalten werden können, da entweder nicht genug desorbiertes Material zur Dehydration der Zuluft bereitsteht oder die zur Desorption der Sorbentien benötigte Solarenergie nicht ausreichend ist. Zur Desorption des Sorbents kann auch Abwärme genutzt werden.

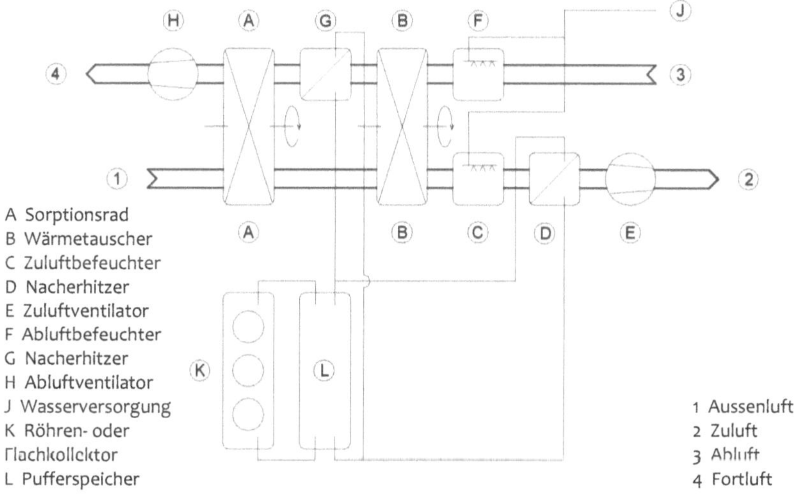

Abbildung 37: Schematische Darstellung einer adiabat-sorptiven Verdunstungskühlung, (festes Sorbens / Röhren- oder Flachkollektoren) [25, S.68]

Bei einem DEC-System kommen für Sorptions- und Kältemittel nur Stoffe ohne Ozon-Depletion Potential[70] zum Einsatz. Als Kältemittel wird Wasser verwendet. Die Kälteerzeugung erfolgt über eine adiabate Verdunstungskühlung. Lediglich die Ventilatoren müssen mit elektrischer Energie betrieben werden und tragen so, je nach Produktionsart der elektrischen Energie, zur anthro-

[70] Ozon-Depletion Potential: Relatives Ozonabbaupotenzial. Potenzial, das die Relation zwischen der Menge eines Treibhausgases und dem daraus resultierenden Ozonabbau darstellt.

pogenen CO_2-Produktion bei. Bei entsprechender Bereitstellung von „Öko-Strom" kann demnach von einem relativ geringen Global-Warming Potential[71] ausgegangen werden. Im Unterschied zur direkten bzw. indirekten Verdunstungskühlung erfolgt bei einer sorptionsgestützten Klimatisierung eine „Kombination" der indirekten und direkten Verdunstungskühlung.

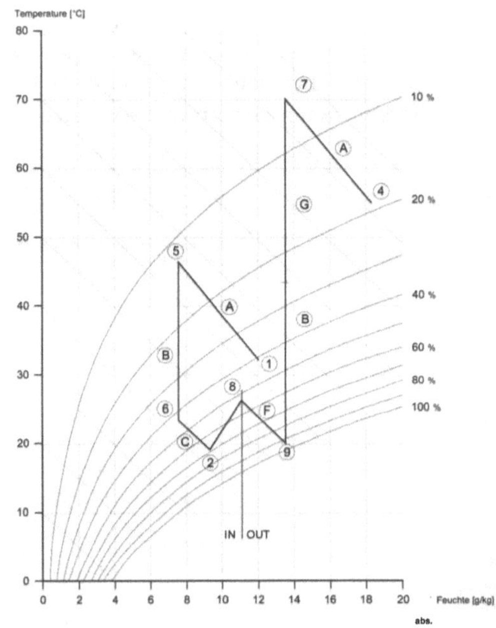

Abbildung 38: Schematisches H-x Diagramm einer adiabat-sorptiven Verdunstungskühlung (DEC-System) [15, S.25] (Annahmen: t_{AL} = 32 °C, φ_{AL} = 38 %, t_{RL} = 26 °C, t_{Kol} = 70 °C; Die Lufttemperaturerhöhung über den Ventilator ist nicht dargestellt)

Abbildung 37 zeigt den Aufbau eines DEC-Systems mit Röhren- oder Flachkollektoren und festem Sorbens, Abbildung 38 den schematischen Verlauf der resultierenden Raumluftzustände.

Bei einer DEC-Anlage auf der Basis einer Adsorption wird Außenluft (1) in einem ersten Schritt über ein Sorptionsrad (A) geführt und entfeuchtet

[71] Global Warming Potential (GWP): Relatives Treibhauspotenzial bzw. CO_2-Äquivalent. Potenzial, das die Relation zwischen der Menge eines Treibhausgases und dem daraus resultierenden Treibhauseffekt darstellt.

(Adsorption). Durch die frei werdende Adsorptionswärme steigt die Lufttemperatur der feuchtereduzierten Luft an (5). Anschließend wird diese Zuluft über einen Wärmetauscher (B) geführt, der mit der Abluft in Verbindung steht und die Zuluft vorkühlt. Die relativ trockene, vorgekühlte Luft (6) wird durch eine direkte Befeuchtung (C) weiter abgekühlt und anschließend in den Innenraum (2) eingebracht, wo sie sich erwärmt und Feuchtigkeit aufnimmt (8). Abluft (8) wird durch Befeuchtung adiabat abgekühlt (F)(9) und nachfolgend über einen mit der Zuluft in Verbindung stehenden Wärmetauscher (B) geführt. Es kommt zu einer Ab-kühlung der Zuluft (6). Die kühle, feuchte Abluft wird anschließend nacherhitzt (G / 7) und über das Sorptionsrad (A) als Fortluft (4) abgeführt. Die hohe Temperatur der Abluft führt wiederum zur Desorption der Sorbentien. Die zur Desorption benötigte Energie führt zu einer Abkühlung der Abluft, die als Fortluft (4) abgeführt wird. Die Nacherhitzung (G) des Abluftvolumenstroms erfolgt idealerweise über Solarenergie (K), so dass sich ein solar basiertes Kühlsystem (solar-cooling) ergibt. Ein Pufferspeicher (L) dient der Bereitstellung von Heißwasser und federt die schwierig zu modulierende Wärmeerstellung ab.

Die Entfeuchtung der Luftmassenströme kann in einem DEC-System über ein rotierendes Sorptionsrad, einen periodisch geschalteten Festbettspeicher oder über flüssige Sorptionsmittel erfolgen. Bei der Nutzung von Sorptionsrädern (Adsorption) kommen feste hygroskopisch wirkende Sorbentien wie Silikagel[72], Zeolith[73] oder Lithiumbromid-Zellulose[74] zum Einsatz. Sofern flüssige Sorbentien (Absorption) zur Anwendung kommen, sind dies in der Regel Lösungen der hygroskopischen Salze Lithium- oder Calciumchlorid. Die Desorptionstemperaturen der flüssigen Sorbentien liegen mit t = 45 °C - t = 70 °C unterhalb der von festen Stoffen, die typische Desorptionstemperaturen von t = 45 °C - 95 °C, bzw. deutlich höhere Temperaturen für Zeolithe aufweisen.

72 Silikagel: Aus wässriger Kieselsäure gewonnene Substanz, die in erster Linie aus [SiO_2] besteht und somit mit Quarz identisch ist. Charakteristisch ist die hohe innere Oberfläche von A= 300 - 800 m^2/g, an der Wasserdampf adsorbiert werden kann. Silikagel ist ungiftig, chemisch neutral und relativ preiswert.

73 Zeolith: Kristallines Metall-Aluminosilikat [SiO_4], das sich als natürliches Mineral findet. Der Anteil der inneren Oberfläche liegt im Verhältnis zum Gewicht bei ca. A= 600 bis 1000 m^2/kg und ist der des Silikagels vergleichbar. Zeolithe sind chemisch neutral, ungiftig und sehr preisgünstig.

74 Lithiumbromid: Lithiumsalz der Bromwasserstoffsäure [LiBr]. Stark hygroskopische Lösung.

Systeme mit flüssigen Sorbentien arbeiten vergleichbar einem System mit festen Adsorbentien, weisen stoffbedingt jedoch ein leicht modifizierten Systemaufbau auf. Abbildung 39 zeigt den schematischen Aufbau eines solchen Systems.

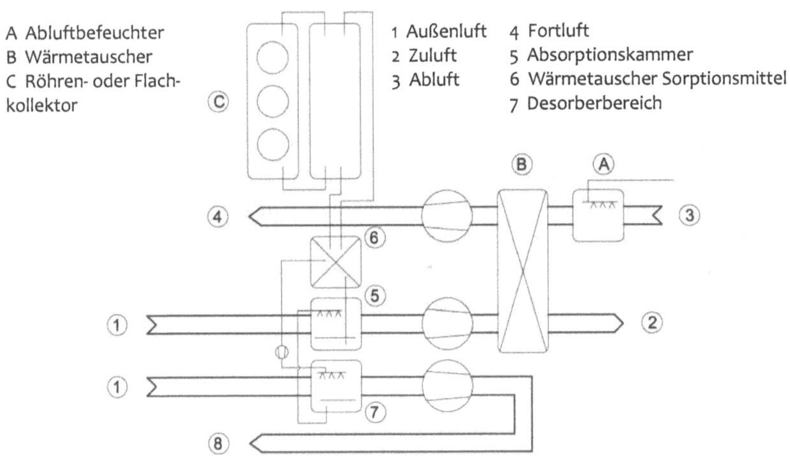

Abbildung 39: Schematische Darstellung einer adiabat-sorptiven Verdunstungskühlung mit flüssigem Sorbens und Röhren- oder Flachkollektor

Bei einem System mit flüssigem Sorbens (Absorption) wird Außenluft (1) über eine Absorptionskammer (5) geführt, in der ein hygroskopisches Gemisch, z.B. eine LiBr-Lösung über Rieselkörper geführt wird. Die Außenluft wird durch den Kontakt mit der hygroskopischen Lösung entfeuchtet, die Temperatur der Luft steigt durch die frei werdende Absorptionswärme leicht an. Nachfolgend wird die feuchtereduzierte Luft mit Hilfe eines Ventilators über einen Wärmetauscher (B) geleitet und der Zuluft Wärmeenergie entzogen. Das Niveau der relativen Feuchte steigt hierdurch an. Die abgekühlte Luft wird dem Innenraum als Zuluft zugeführt (2). Die Abluft (3) des Innenraums wird im Befeuchter (A) adiabat abgekühlt und über einen Wärmetauscher (B) geleitet. Im Wärmetauscher nimmt die Abluft indirekt Wärme der Zuluft auf, erwärmt sich dadurch und wird nach Außen als Fortluft (4) abgeleitet.

Nachdem die Absorptionslösung in der Absorptionskammer (5) Feuchtigkeit aus der Außenluft aufgenommen hat, wird diese Lösung über einen Wärmetauscher (6) geführt. Die mit Wasser angereicherte Lösung wird im Wärmetauscher über das Niveau der Desorptionstemperatur erhitzt und nachfolgend in einen Desorberbereich (7) geführt. In einem zweiten als Prozessluftvolumenstrom dienenden Außenluftvolumenstrom kommt es zu einer erneuten Verrieselung und so zu einer Trennung der erhitzten Lösung in Wasserdampf und Absorbent. Der Wasserdampf wird durch den Prozessluftvolumenstrom nach Außen (8) abgeführt, die konzentrierte, dehydrierte Lösung kann nachfolgend wieder im Zuluftstrom verrieselt werden. Die Erhitzung der Absorptionslösung erfolgt idealerweise über Solarenergie (C), so dass ein solar basiertes Kühlsystem entsteht.

Im Unterschied zu flüssigen Sorbentien können feste Sorbentien bei geringfügig niedrigeren Temperaturen desorbiert werden. Flüssige Sorbentien lassen sich jedoch wesentlich einfacher zwischenspeichern, so dass Zeitspannen mit geringen Energieeinträgen, ohne das Einbringen von Energie in anderer Form, wesentlich einfacher überbrückt werden können.

Im Unterschied zu Systemen mit eingebundenen Röhren- oder Flachkollektoren, ist ebenso eine Integration von Luftkollektoren möglich.

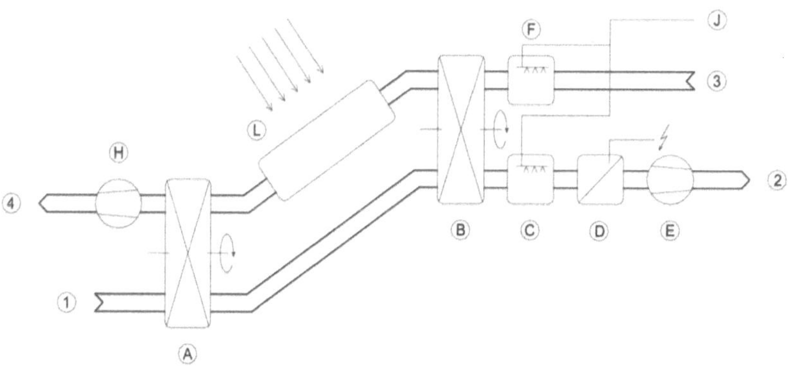

Abbildung 40: Einbindung eines Luftkollektors innerhalb einer adiabat-sorptiven Verdunstungskühlung (festes Sorbens) und Nutzung der in der Abluft vorhandenen Abwärme.

Sofern eine solarbasierte Desorption über Luftkollektoren erfolgt, können prinzipiell zwei verschiedene Ansätze verfolgt werden. Der wesentliche Unterschied beider Systematiken liegt darin, dass die in der Abluft vorhandene Wärme genutzt oder ungenutzt mit der Fortluft abgeführt wird [15, S.63].

Wie aus Abb. 40 ersichtlich, kann die in der feuchtwarmen Abluft enthaltene Restwärme genutzt werden, indem die warme Abluft direkt in den Luftkollektor geführt wird. Die im Luftkollektor nacherhitzte Abluft kann so zur Desorption des Sorbens beitragen. Der Vorteil des Systems liegt in der Nutzung der innerhalb der Abluft enthaltenen Restwärme. Nachteilig stellt sich jedoch der hohe Feuchtigkeitsgehalt der Regenerationsluft dar.

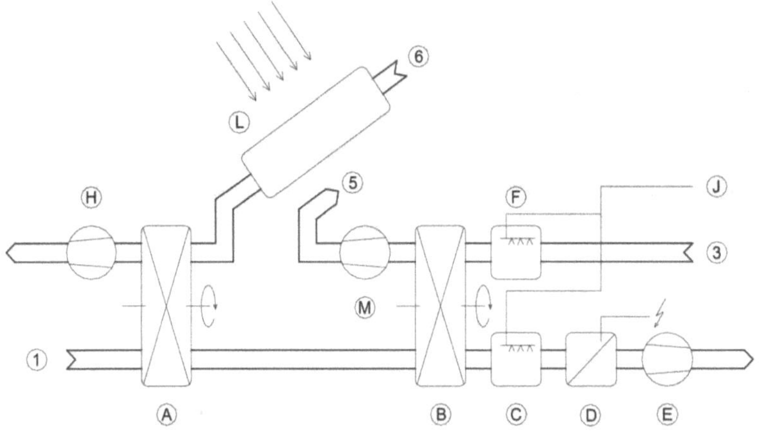

Abbildung 41: Einbindung eines Luftkollektors innerhalb einer adiabat-sorptiven Verdunstungskühlung (festes Sorbens) ohne Nutzung der in der Abluft vorhandenen Abwärme.

Im Unterschied zu Regenerationsluft mit niedrigem Feuchtigkeitsgehalt (Abb. 41), muss im Falle eines hohen Feuchtigkeitsgehalts (Abb. 40) eine deutlich höhere Energiemenge aufgebracht werden, um den Regenerationsluftstrom auf die gleiche Temperatur anzuheben und somit vergleichbare Regenerationstemperaturen zu erzielen. Im Unterschied zu dem in Abb. 41 dargestellten Systemaufbau kann jedoch ein Ventilator eingespart werden, wodurch sich Energieeinsparpotentiale ergeben. Die in Abb. 41 gezeigte Variante zeigt eine vergleichbare Systematik, ohne jedoch eine Nutzung der in der Abluft vorhandenen Restwärme zu berücksichtigen. Bei gleichen Randbedingungen muss bei einer Trennung von Abluft- und Regenerationsluftvolumenstrom und deutlich niedrigerem Feuchtigkeitsgehalt der Außenluft, natürlich weniger Energie aufgebracht werden, um die für eine Desorption benötigte Temperatur des regenerierenden Luftvolumenstroms zu erzielen. Welche Variante sinnvoll ist, hängt demnach stark von den mesoklimatischen Bedingungen ab. So ist insbesondere die Relation zwischen der relativen Luftfeuchte des Standortes sowie der relativen Luftfeuchte des zu kühlenden Gebäudeinnenraums zu beachten.

Der entscheidende Nachteil aller DEC-Systeme liegt im permanenten Wasserverbrauch, welcher deren Einsatz auf geographische Regionen einschränkt, in denen Wasser keine kostbare Ressource darstellt. Für den Betrieb eines Systems sollte desweiteren nur demineralisiertes Wasser genutzt werden, so dass Trinkwasser in der Regel über einen Ionentauscher und evtl. über eine Revers-Osmoseanlage geführt werden muss.

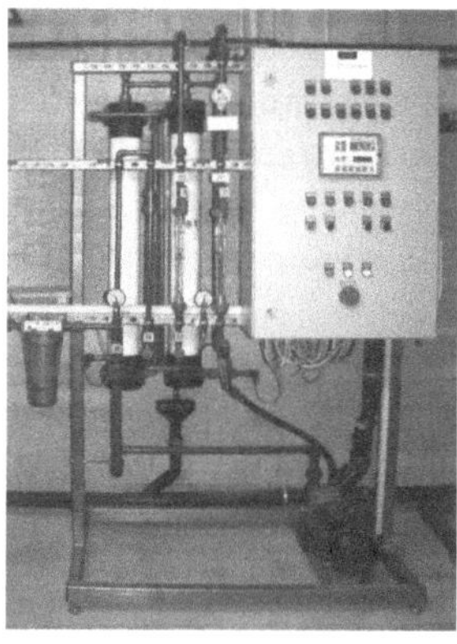

Abbildung 42: Ionentauscher und Osmoseanlage [B 2]

Soll das System mit unbehandeltem Trinkwasser betrieben werden, muss eine kontinuierliche Ausschlämmung des Systems berücksichtigt werden. Eine Ausschlämmung ist insbesondere notwendig, da sich ansonsten, aufgrund der Wasserverdunstung, eine kontinuierliche Erhöhung des Mineral- und Salzgehaltes innerhalb des Prozesswasserflusses einstellen würde. Aufgrund eines permanenten Wasserverbrauchs kann ein solches System in arid-heißen Gebieten auf keinen Fall zum Einsatz kommen.

Ab- und Adsorptionskältemaschinen basieren ebenso auf thermischen-adiabaten Prozessen, werden im Rahmen dieser Dissertation aber nicht weiter betrachtet, da diese in erster Linie Kaltwasser und keine Kaltluft generieren.

8.2 Resultierende Vorgaben für neuartige Klimatisierungssysteme

Wie sich zeigt, ist es unter geeigneten Rahmenbedingungen möglich, mithilfe einer adiabaten Kühlung, eine sehr effiziente Raumkühlung zu erstellen. Allgemein sind indirekte Systeme zu bevorzugen, da im Falle eventueller Verkeimungen des Prozesswassers nicht mit einem Übertrag in den Zuluftstrom gerechnet werden muss. In einer weiteren Bearbeitung soll insbesondere auf der Systematik eines adiabat-sorptiven Systems aufgebaut werden, da dieses als deutlich effizienter eingestuft werden kann, als ein einfaches direktes oder indirektes Verdunstungskühlsystem.
Systeme, die auf der Grundlage einer adiabat-sorptiven Kühlung arbeiten, eignen sich theoretisch hervorragend für Regionen mit hohen bzw. höchsten solaren Einstrahlungswerten und gleichzeitig geringen relativen Luftfeuchten. Gekennzeichnet sind Regionen mit hohen solaren Einstrahlungswerten neben den geringen Bewölkungsdichten jedoch auch dadurch, dass Wasser als knappe und teure Ressource gehandelt wird und eine freie Verdunstung ökologisch sowie ökonomisch nicht zu vertreten ist. Der Nachteil des permanenten Wasserverbrauchs verhindert somit den Einsatz von adiabat-sorptiven Systemen (DEC-Anlagen) in Gebieten mit hohen und höchsten solaren Einstrahlungswerten.

Aus den vorgenannten Gründen wurde in der vorliegenden Dissertation auf das in den vorherigen Kapiteln erarbeitete Wissen aufgebaut und ein neuartiges Zuluftklimatisierungssystem ohne Wasserverbrauch entwickelt sowie dessen Funktionsfähigkeit theoretisch nachgewiesen.

Als Randbedingungen werden insbesondere die folgenden Parameter berücksichtigt:

Das Klimatisierungssystem sollte ein hohes Potential für einen weiträumigen Einsatz innerhalb der trocken-heißen Regionen beinhalten.

Das System soll auf der Basis von thermischer Solarenergie arbeiten.

Das neuartige Klimatisierungssytem darf keinerlei Wasserverbrauch aufweisen.

9 Entwicklung eines neuartigen solarthermischen Klimatisierungssystems

Der wissenschaftliche Anspruch der vorliegenden Arbeit liegt insbesondere darin, bekannte Technologien und Verfahren neuartig zu kombinieren und diese mit eigenen Entwicklungen zu ergänzen. Das im Rahmen dieser Dissertation entwickelte System arbeitet ebenfalls nach dem Prinzip der adiabatsorptiven Kühlung, wie es bei DEC-Anlagen zum Einsatz kommt. Im Unterschied zu DEC-Anlagen weist das entwickelte System jedoch keinen Wasserverbrauch auf. Sorptionskältemaschinen müssen ab einer Außentemperatur von etwa 32 °C über einen Nasskühlturm rückgekühlt werden, so dass diese Systeme in heißen Gegenden im Unterschied zur entwickelten Technologie ebenso einen deutlichen Wasserverbrauch aufweisen. Die im Rahmen dieser Arbeit entwickelte Systematik basiert darauf, dass Energie, die zum Kühlen der Zuluft benötigt wird, ausschließlich über thermische Solarenergie bereitgestellt werden kann, ein Wasserverbrauch ist nicht vorhanden.

Im Unterschied zu DEC-Anlagen wird demineralisiertes Wasser als Kühlmittel nicht in einem offenen, sondern in einem geschlossenen Kreislauf eingesetzt. Als Antriebsenergie dient im Wesentlichen thermische Solarenergie. Elektrische Energie wird nur für den Transport von Luft und Wasser, d.h. für Ventilatoren und Pumpen benötigt.

Im Unterschied zu herkömmlichen Kompressionskältegeräten wird Energie nicht für die Generierung von Kälte, sondern lediglich für den Transport der Prozessmedien benötigt. Je nach Produktionsart der elektrischen Energie trägt das entwickelte System nur geringfügig zur anthropogenen CO_2-Produktion bei und kann dadurch deutlich energieeffizienter als ein konventionelles Kompressionssystem beurteilt werden.

Der entscheidende Vorteil gegenüber einer offenen adiabat-sorptiven Verdunstungstechnologie (DEC-Anlage) liegt darin, dass kein Wasserverbrauch vorhanden ist, so dass dieses System auch in arid-heißen Gebieten zum Einsatz kommen kann. Aufgrund der vorhandenen Spezifika des entwickelten Verfahrens wird dieses System „Closed-Desiccant-Cooling System" (CDC-System) genannt und im Weiteren so bezeichnet. Das entwickelte CDC-System unterscheidet sich im Systemaufbau von DEC-Anlagen insbesondere durch nachfolgende Punkte:

- Es erfolgt keine Be- und keine Entfeuchtung der Abluft.
- Neben den offenen Zu- und Abluftvolumenströmen sind zwei weitere, geschlossene Prozessluftvolumenströme vorhanden.
- Der Wärmeübertrag erfolgt von der Zuluft auf die Abluft sowie von der Zuluft auf die Prozessluft.
- Ein Teil der Prozessluft wird im geschlossenen System befeuchtet, während ein anderer Teil zeitgleich entfeuchtet wird.
- Prozesswasser wird nach dem Verdunstungsvorgang adsorbiert und nachfolgend wieder auskondensiert.

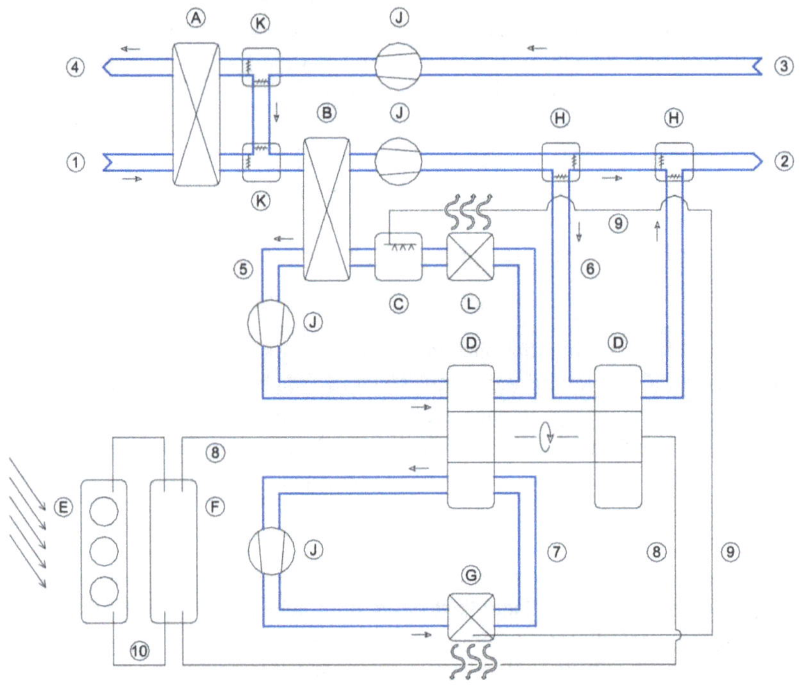

Abbildung 43: Closed-Desiccant-Cooling-System (CDC-System)

Das Closed-Desiccant-Cooling System (CDC-System) besteht im Wesentlichen aus zwei geschlossenen Luftkreisläufen, einer Sorptions- / Desorptionskomponente mit hygroskopischen Mitteln (Sorbentien)[75], zwei Wärmeübertragern, einem Kondensator, einem Solarkollektorfeld und dem Kältemittel Wasser. Das Kältemittel Wasser ist anteilig als Wasserdampf und zu Teilen als Wasser in flüssiger Form in das System eingebunden. Der Feuchtegehalt der Prozessluft schwankt in Abhängigkeit zu den durchschnittlichen maximalen Außentemperaturen des Standortes. Während eines Arbeitszyklus durchwandert das Kältemittel Wasser die Phasen flüssig und dampfförmig. Die bei einem Phasenwechsel des Prozesswassers auftretende Volumenänderung bleibt in den weiteren Betrachtungen unberücksichtigt.Im Detail ist das System wie folgt aufgebaut:

1 Aussenluft CDC-System
2 Zuluft Innenraum
3 Abluft Innenraum
4 Fortluft CDC-System
5 Prozessluftkreislauf I - Kühlluftvolumenstrom (Befeuchtung →Adsorption)
6 Zuluftführung Heizperiode
7 Prozessluftkreislauf II - Desorptionsluftvolumenstrom (Desorption → Kondens.)
8 Vor- bzw. Rücklauf Heißwasser (Erhitzung Desorptionsluftvolumenstrom)
9 Kondensatableitung (Kondensator → Befeuchter)
10 Vor- bzw. Rücklauf Wasser (Kollektor → Pufferspeicher)
A Gegenstromwärmetauscher (Zuluft → Abluft)
B Gegenstromwärmetauscher (Zuluft → Prozessluft)
C Befeuchter
D Sorptionstrommel
E Solarkollektoren
F Pufferspeicher für Wärmeübertragende Flüssigkeit (z.B. Wasser)
G Wärmetauscher + Kondensator (Prozessluftvolumenstrom)
H Klappen (Sommer- bzw. Winterbetrieb)
J Ventilatoren
K Klappen (Bypass für Umluft- bzw. Zuluftbetrieb)
L Wärmetauscher (Kühlluftvolumenstrom)

[75] Sorbent: Im Falle der vorliegenden Dissertation erfolgte eine Ausarbeitung auf der Basis eines festen Sorbents (Adsorbent). Das entwickelte CDC-System kann jedoch auch mit einem flüssigen Sorbent (Absorbent) betrieben werden. Der Einsatz eines Absorbents erfordert jedoch einen leicht modifizierten Systemaufbau, der in der vorliegenden Arbeit nicht vorgestellt wird.

9.1 Kühlprozess des neuartigen solarthermischen Klimatisierungssystems

In einem ersten Schritt wird Zuluft (1) über einen Wärmetauscher (A) geführt, über den im Gegenstrom Abluft (3) aus dem Gebäudeinnenraum geleitet wird. Zuluft kann so in einem ersten Schritt thermisch vorkonditioniert werden. Nachfolgend wird die vorkonditionierte Zuluft über einen weiteren Wärmetauscher (B) geführt, über den im Gegenstrom ein Kühlluftvolumenstrom (5) geleitet wird. Dieser zweite Abkühlungsprozess führt zur Erreichung der gewünschten Zulufttemperatur.

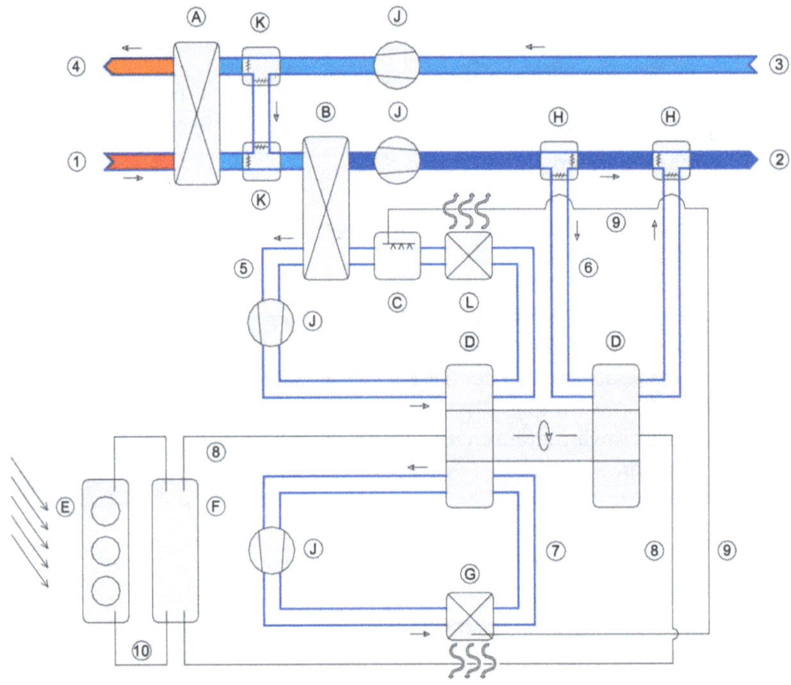

Abbildung 44: Zu- und Abluftvolumenströme innerhalb des DCD-Systems

Innerhalb des Systems dient Prozessluftkreislauf I (5) der Zuluftkühlung und Prozessluftkreislauf II (7) der Desorption der Adsorbentien. Als Sorptionsmittel dient der Feststoff Silikagel, der innerhalb des Systems in einem zylindrischen Rotationskörper eingebunden ist. Dieses Bauteil wurde vom Autor, ebenso wie das Gesamtsystem, im Rahmen der vorliegenden Dissertation entwickelt. Aufgrund des technisch-assoziativen Aufbaus des Bauteils wird dieses nachfolgend als Sorptionstrommel bezeichnet. Die Trommel gliedert sich im Wesentlichen in acht einzelne mit Silikagel gefüllte Kammern. Während eines Kühlzyklus adsorbieren zwei der Kammern Wasserdampf, zwei weitere Kammern werden parallel, jedoch nicht zeitgleich desorbiert und vier weitere Kammern befinden sich in einem Ruheprozess. D.h., bei vier Kammern finden während eines Arbeitszyklus weder eine Ad- noch eine Desorption der Adsorbentien statt.

Im Prinzip ähnelt dieser Prozess dem Ablauf eines wechselphasigen Sorptionszykluses, wie er auch in Adsorptionskältemaschinen zur Anwendung kommt. Das entwickelte CDC-System kann im Unterschied zu Sorptionskälteanlagen, die mit einem extremen Unterdruck von ca. P = 10 mbar betrieben werden müssen, unter Normalbedingungen[76] betrieben werden und verfügt im Unterschied zu Adsorptionskältemaschinen über mehr als zwei Kammern.

Um den theoretischen Nachweis der Funktionsfähigkeit des Systems zu führen, wird das System beispielhaft anhand des Standortes Assuan dargestellt. Aufgrund der vorherrschenden mesoklimatischen Standortbedingungen wird bei den nachfolgenden Erläuterungen eine typische Kombination von Außentemperatur und relativer Luftfeuchte angesetzt, wie sie im Sommer zur Mittagszeit vorliegt. Die Außenlufttemperatur wird mit t_{AL} = 40 °C und die relative Luftfeuchte mit φ_{AL} = 12 % angenommen. Die maximale Innenraumtemperatur wird mit t_{RL} = 28 °C angesetzt. Die Wärmetauscher (A) und (B) werden mit einem Wirkungsgrad von η_{WT} = 80 %[77] angesetzt. Der Wassergehalt der Prozessluft wird in Abhängigkeit zur mittleren Außentemperatur festgelegt. Beispielsweise wird dieser bei einer angenommenen Außenlufttemperatur von t_{AL} = 40 °C auf ca. ρ_w = 16 g/kg Luft voreingestellt, was unter einer Normalbedingung von P = 1013,25 hPa und einer Prozesslufttemperatur von t_{ProzL} = 23 °C zu einem relativen Feuchtegehalt der Prozessluft von ca. φ_{ProzL} = 90 % führt.

Der eigentliche Abkühlungsprozess der Zuluft besteht wie erläutert aus zwei Schritten. In einem ersten Prozess wird warme Abluft (3) aus dem Gebäude-

[76] Normalbedingungen: Nach DIN 1343 - Referenzzustand, Normzustand, Normvolumen, Begriffe, Werte liegt der Gasdruck unter Normalbedingungen bei P = 1013,25 hPa

[77] Wirkungsgrad von η_{WT}= 80%: Annahme nach technischen Daten des Wärmetauschers SOLO der Fa. PAUL Wärmerückgewinnung / Bitterfeld. Die Angabe des Temperaturwirkungsgrads liegt laut Angaben des Herstellers bei ca. 80% bis 90% [I 7]

innenraum über einen Gegenstromwärmetauscher (A) geführt und die heiße Zuluft (1) thermisch vorkonditioniert. Zuluft wird durch diesen Prozess von t_{AL}= 40 °C auf t_{ZuL}= 30,4 °C abgekühlt, die relative Feuchte der vorkonditionierten Zuluft erhöht sich hierdurch von φ_{AL}= 12 % auf ca. φ_{ZuL} = 20,4 %. Die von t_{AbL}= 28 °C auf t_{AbL}= 37,6 °C erwärmte Abluft (3) wird als Fortluft (4) abgeführt.

t_{AL} = 40,0 °C ⟶ t_{ZuL} = 30,4 °C

t_{FL} = 37,6 °C ⟵ t_{AbL} = 28,0 °C

Die nachfolgende Abbildung 45 stellt den zuvor beschriebenen Vorgang innerhalb des H-x Diagramms dar:

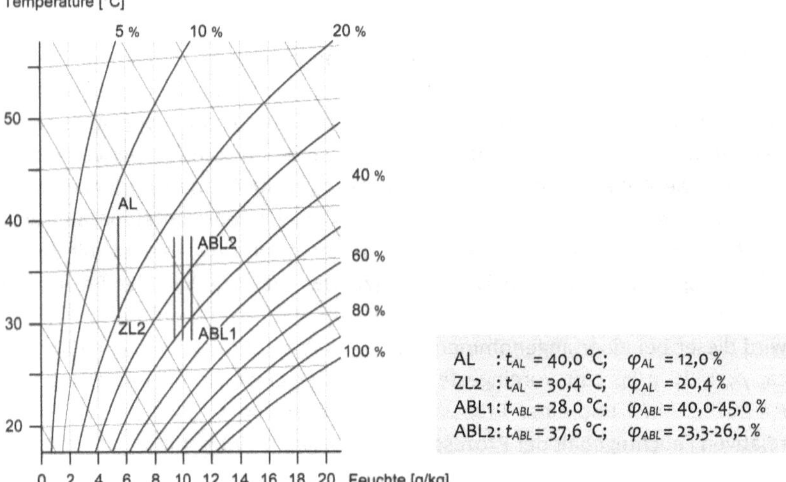

Abbildung 45: H-x Diagramm; Erste Stufe der Abkühlung

Der zweite Schritt der Zuluftkonditionierung erfolgt, indem vorkonditionierte Zuluft über einen zweiten Wärmetauscher geführt wird, über den im Gegenstrom der Kühlluftvolumenstrom geführt wird.

9.2 Prozessluftkreislauf I – Kühlluftvolumenstrom

In Abhängigkeit zur vorhandenen Außen- und Innenraumtemperatur kann über eine adiabate Verdunstung von Prozesswasser ein Kaltluftvolumenstrom von t_{ProzL} = 23 °C erstellt werden. Der Zyklus der Zuluftkühlung lässt sich wie folgt beschreiben:

Innerhalb des geschlossenen Prozessluftkreislaufes I (5) (Nummerierungen s. Kap. 9) wird ein Prozessluftvolumen (Kühlluftvolumenstrom) einer relativen Feuchte[78] von φ_{ProzL} = 10 % durch ein mit Verdunstungsmatten (s.a. Abb. 41) gefülltes Bauteil (C) geführt. Innerhalb dieses Bauteils wird demineralisiertes Prozesswasser über ein vom Prozessluftvolumenstrom I (5) durchströmtes Zellulosevlies geleitet. Aufgrund der Luftdurchströmung kommt es zu einer adiabaten Verdunstung des Prozesswassers, wodurch die relative Feuchte der Prozessluft von φ_{ProzL} = 10 % auf φ_{ProzL} = 90 % ansteigt und die Temperatur der Prozessluft entsprechend abfällt. Nachfolgend wird der nahezu gesättigte Prozessluftvolumenstrom I über einen Wärmetauscher (B) geführt und die Zuluft, die bereits zuvor von t_{AL} = 40 °C auf t_{ZuL} = 30,4 °C vorkonditioniert wurde, weiter abgekühlt. Dieser Prozess stellt sich wie folgt dar:

t_{ZuL} = 30,4 °C	⟶	t_{ZuL} = 24,5 °C
t_{ProzL}= 28,9 °C	⟵	t_{ProzL}= 23,0 °C

Innerhalb dieses zweiten Abkühlungsprozesses erhöht sich die Temperatur der Prozessluft von t_{ProzL} = 23 °C auf ca. t_{ProzL} = 28,9 °C. Die relative Luftfeuchte fällt von φ_{ProzL}= 90 % auf ca. φ_{ProzL}= 63,5 % ab. Die zuvor bereits auf t_{ZuL} = 30,4 °C vorkonditionierte Zuluft kühlt sich weiter auf t_{ZuL} = 24,5 °C ab. Die relative Feuchte der Zuluft erhöht sich hierdurch von ca. φ_{ProzL} = 20,4 % auf ca. φ_{ProzL} = 28,8 %. Nachfolgend wird sich die Zuluft durch den nachgeschalteten Ventilator wieder um T = 1 K erwärmen und mit einer Temperatur von ca. t_{ZuL} = 25,5 °C in den Innenraum eingebracht. Die Differenz zwischen der Lufttemperatur des Innenraumes (t_{RL} = 28 °C) und der Zulufttemperatur (t_{ZuL} = 25,5 °C) würde in diesem Fall T_{td} = 2,5 K betragen. Bei den Berechnungen wurde von einem sehr hohen Feuchtigkeitszuwachs ausgegangen. Nachdem die Zuluft in den Gebäudeinnenraum eingebracht wurde, wird sich diese durch diverse Wärmequellen erwär-

[78] Relative Feuchte: Der Feuchtegehalt der Prozessluft steht in Relation zu den mesoklimatischen Standortfaktoren.

men und aufgrund interner Feuchtequellen an Feuchtigkeit zunehmen. Es wird davon ausgegangen, das sich im Gebäudeinnenraum eine relative Feuchte von bis zu φ_{ProzL} = 40 % - 45 % einstellen kann. In nachfolgender Abbildung 46 ist dieser Vorgang innerhalb des H-x Diagramms dargestellt.

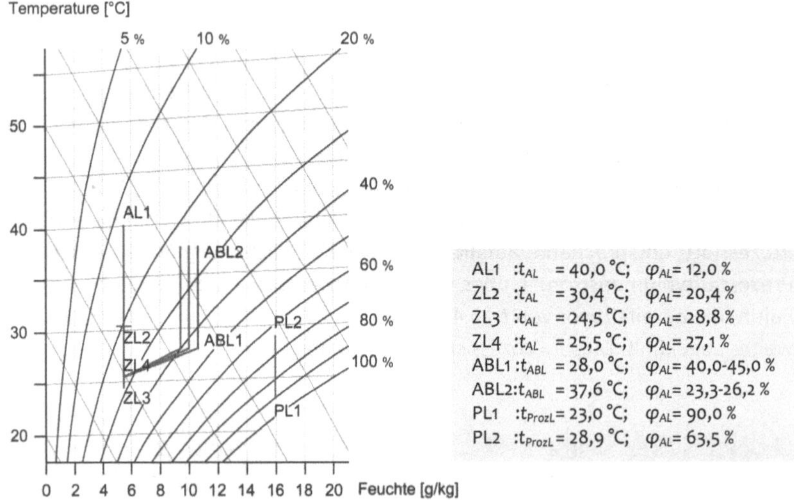

Abbildung 46: H-x Diagramm; Zweite Stufe der Abkühlung. (Der Prozess der Luftfeuchtigkeitszunahme der Innenraumluft und der Lufttemperaturerhöhung des Innenraumes wurden innerhalb des Diagramms separat dargestellt).

Um den Kühlprozesskreislauf aufrecht zu halten, müssen die Sorptionsmittel den im Prozessluftvolumenstrom enthaltenen Wasserdampf zyklisch absorbieren. Hierzu wird der Prozessluftvolumenstrom I (5) nachfolgend über das Bauteil D, die Desorptionstrommel geführt. Herzstück dieses Bauteils sind silikagelgefüllte Kammern. Beim Durchstreifen einer Kammer wird dem Kühlluftvolumenstrom Wasserdampf entzogen, so dass sich dessen relative Feuchte bis auf ca. φ_{ProzL} = 10% reduziert. Aufgrund der Wasserdampfadsorption wird Adsorptionswärme freigesetzt, wodurch es innerhalb der Adsorbentien und demzufolge zu einer isenthalpen Temperaturerhöhung des Kühlluftvolumenstroms kommt. Der Prozess ist als chemische Wärmepumpe bekannt. Auf die Massen der Stoffe bezogen bedeutet dies, dass sich jedes Kilogramm Luft des zuvor bereits von t_{ProzL} = 23 °C auf t_{ProzL} = 28,9 °C erwärmten Kühlluftmassenstroms auf eine Temperatur von ca. t_{ProzL} = 50 °C erhitzen wird. Die Erhitzung des Luftmassenstroms führt wiederum zu einer Erwärmung der Adsorbentien. Die Reduktion der relativen Feuchte von m = 1 kg Prozessluft ist mit einer zu ad-sorbierenden Menge von ca. m = 8,24 g Wasser verbunden.

Wasserdampfadsorption m= 8,24 g/kg

t_{ProzL} = 28,9 °C; φ_{ProzL} = 63,5 % ⟶ t_{ProzL} = 50,0 °C; φ_{ProzL} = 10 %

Da das Wasserdampfaufnahmevermögen des Adsorbents Silikagel bei über 50 % des Eigengewichtes liegt, kann angenommen werden, dass lediglich etwa 15 g (ca. 20 ml) Silkagel[79] für die Dehydrierung von m = 1 kg Prozessluft benötigt werden. Da das Adsorbens nicht nur den Wasserdampfgehalt von m = 1 kg Prozessluft, sondern einer größeren Masse an Prozessluft aufnehmen muss (s.a. Kap. 9.3), kann vorausgesetzt werden, dass die zusätzlich frei werdende Adsorptionswärmemenge über den Kühlluftvolumenstrom abtransportiert wird. Die zu erwartende Temperatur des Adsorbens kann dementsprechend vergleichbar mit der Temperatur der Prozessluft, also mit etwa $t_{Adsorb.}$= 50 °C angenommen werden.

Die feuchtereduzierte und erhitzte Prozessluft wird im nachfolgend über einen Wärmetauscher (L) geführt. Die Wärmeabgabe erfolgt an die Außenluft. Da die Außenlufttemperatur mit t_{AL} = 40 °C deutlich unter der Prozesslufttemperatur von ca. t_{ProzL} = 50 °C liegt, kann bei einem angenommenen Wirkungsgrad des Wärmetauschers von η_{WT} = 80 %, eine Reduktion der Prozesslufttemperatur auf etwa t_{ProzL} = 42 °C erzielt werden. Die indirekte Abkühlung des Prozessluft muss jedoch nur bis zu einem Temperaturniveau von etwa t_{ProzL} = 43,7 °C erfolgen, um den Ausgangszustand des Kühlprozessablaufs wieder herzustellen. Die Abkühlung auf t_{ProzL} = 43,7 °C entspricht einer vorliegenden Wärmeübertragungsrate von η_{WT} = 63 %. Durch eine anschließende Befeuchtung des geschlossen geführten Kühlluftvolumenstroms kann der ursprünglich vorhandene Prozessluftzustand (t_{ProzL} = 23 °C, φ_{ProzL} = 90 %) wieder hergestellt und der Kühlprozess von Neuem beginnen.

[79] Silikagel: Das volumenbezogene Gewicht von Silikagel liegt bei ca. 750g/l

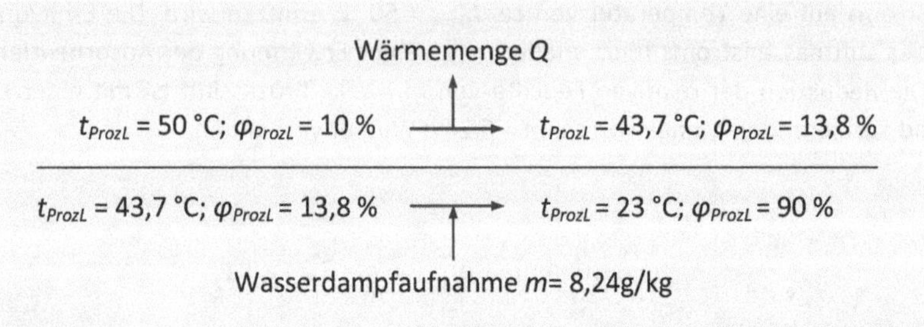

Innerhalb des H-x Diagramms[80] kann der gesamte Prozess, der sich aus einer Kombination von Kühlluft-, Abluft- und Zuluftvolumenstrom zusammensetzt, wie folgt dargestellt werden:

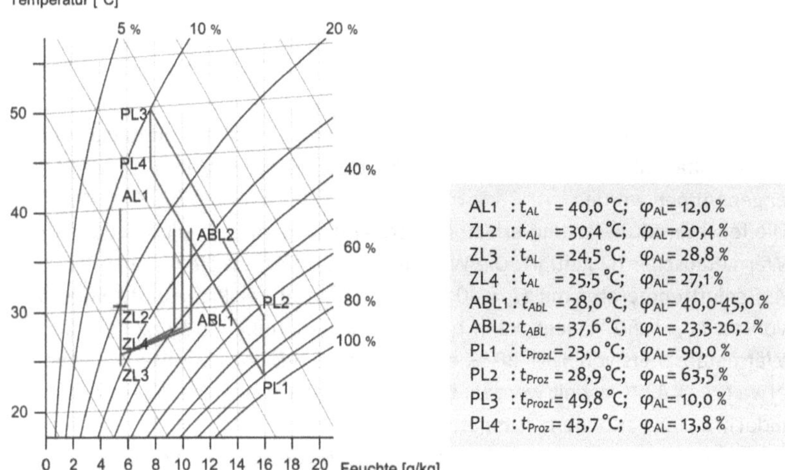

Abbildung 47: H-x Diagramm - Raumluftzustände von Prozess-, Zu- und Abluftvolumenstrom. Der Prozess der Luftfeuchtigkeitszunahme der Innenraumluft und der Lufttemperaturerhöhung des Innenraumes wurden innerhalb des Diagramms separat dargestellt)

[80] H-x Diagramm: Der Prozess der Be- und Entfeuchtung ist nur theoretisch isenthalp darstellbar, da es innerhalb eines Systems zur Ausbildung von „Schleppverlusten" kommt. Bei einer Bauteilmessung würden sich dementsprechend leicht veränderte Steigungsverhältnisse ausbilden.

9.3 Prozessluftkreislauf II – Desorptionsluftvolumenstrom

Die in der Sorptionstrommel befindlichen Sorptionspatronen müssen nach der Aufnahme von Wasserdampf aus dem Prozessluftvolumenstrom I wieder desorbiert werden. Eine Desorption der Sorptionspatronen kann nur erfolgen, indem diese erhitzt werden und die spezifische Desorptionstemperatur von ca. $t_{Des} \approx 75$ °C überschritten wird. Die Erwärmung und die dadurch implizierte Desorption erfolgt über den Prozessluftvolumenstrom II, der mit einer Temperatur von mindestens $t_{ProzL} = 75$ °C und einer relativen Feuchte von $\varphi_{\text{ProzL}} = 10\%$ durch die Sorptionspatronen geleitet wird. Um eine Desorption und anschließende Kondensation des freiwerdenden Wasserdampfes unter Außenbereichsbedingungen zu gewährleisten, ist es nicht möglich, dass Adsorbens lediglich bis zur Desorptionstemperatur zu erhitzen.

$t_{ProzL} = 50$ °C; $\varphi_{\text{ProzL}} = 10$ % → $t_{ProzL} = 75$ °C; $\varphi_{\text{ProzL}} = 3{,}2$ %

↑ Wärmemenge Q

Eine Temperaturerhöhung der Prozessluft bei gleichbleibender absoluter Feuchte würde im vorliegenden Fall zu einem Abfall der relativen Feuchte des Prozessluftvolumenstroms II von $\varphi_{ProzL} = 10$ % auf ca. $\varphi_{ProzL} = 3{,}2$ % führen, woraus sich eine Feuchttemperatur von ca. $t_{FT} = 10{,}1$ °C ergibt. Eine Wasserrückgewinnung durch Kondensation bei Außentemperaturen und Druck unter Normalbedingungen ($t_{AL} = 40$ °C; $\varphi_{AL} = 12$ %; $P = 1013{,}25$ hPa) ist nicht möglich.

Soll eine Dehydration und anschließende Kondensation unter Normalbedingungen und vorherrschender Außentemperatur stattfinden, muss die Feuchttemperatur des Sorptionsluftvolumenstroms (7) oberhalb der Außenlufttemperatur von $t_{AL} = 40{,}0$ °C liegen. Um diese Voraussetzung zu erzielen, werden Kühlluftvolumenstrom (Prozessluftkreislauf I) und Desorptionsluftvolumenstrom (Prozessluftkreislauf II) unterschiedlich hoch angesetzt. Um eine zur Desorption bei Umgebungsbedingungen und Normaldruck notwendige Erhöhung der absoluten Feuchte zu erzielen, wird für die Adsorption des Wasserdampfes ein deutlich höherer Luftmassenstrom (Kühlluftmassenstrom) als zur Desorption (Desorptionsluftmassenstrom) des gebundenen Wassers bereitgestellt.

Um den aus den Sorptionspatronen ausgetriebenen Wasserdampf wieder für eine anschließende Befeuchtung des Prozessluftvolumenstroms I nutzen zu können, muss dieser wieder auskondensiert werden. Eine Kondensation unter Außenbedingungen bedingt jedoch eine oberhalb der Außentemperatur liegende Feuchttemperatur des Desorptionsluftvolumenstroms.

Da die Desorptionstemperatur des Silikagels bei ca. $t_{Des} \approx 75$ °C liegt, wird die Feuchttemperatur des Desorptionsluftvolumenstroms in Abhängigkeit zur maximalen Außentemperatur festgelegt. D.h., die Temperatur des Desorptionsluftvolumenstroms muss einerseits mindestens $t_{Des} = 75$ °C betragen und die Luftfeuchte soll nach erfolgter Aufnahme des ausgetriebenen Wasserdampfes und anschließender Kondensation einer relativen Luftfeuchte von $\varphi_{DesL} = 90\,\%$ entsprechen. Die Festlegungen dieses voreingestellten Luftzustandes führen zu einer oberhalb der Außentemperatur liegenden Feuchttemperatur von etwa $t_{FT} = 59{,}3$ °C. Die Erhitzung des Desorptionsluftvolumenstroms bis zu einer Temperatur von $t_{Des} = 75$ °C erfolgt über eine solar basierte Beheizung des Volumenstroms.

Wärmemenge Q

$t_{ProzL} = 75°C$; $\varphi_{ProzL} = 50\%$ → $t_{ProzL} = 47°C$; $\varphi_{ProzL} = 90\%$

Kondensat M_K

Wärmemenge Q

$t_{ProzL} = 75°C$; $\rho_{ProzW} = 146{,}7 g/kg$ → $t_{ProzL} = 47°C$; $\rho_{ProzW} = 64{,}8 g/kg$

Kondensat $M_K = 81{,}8 g/kg$

Der Prozess stellt sich wie folgt dar: Nach der Desorption der Sorptionspatronen wird der heiße und feuchte Prozessluftvolumenstrom über einen Wärmetauscher (G) mit einem Wirkungsgrad von $\eta_{WT} = 80\,\%$ geführt. Bei einer vorhandenen Außentemperatur von t_{AL} = 40 °C reduziert sich die Temperatur des Sorptionsluftvolumenstroms (7) über eine Wärmeabgabe an die Aussenluft von t_{ProzL} = 75 °C auf ca. t_{ProzL} = 47 °C.

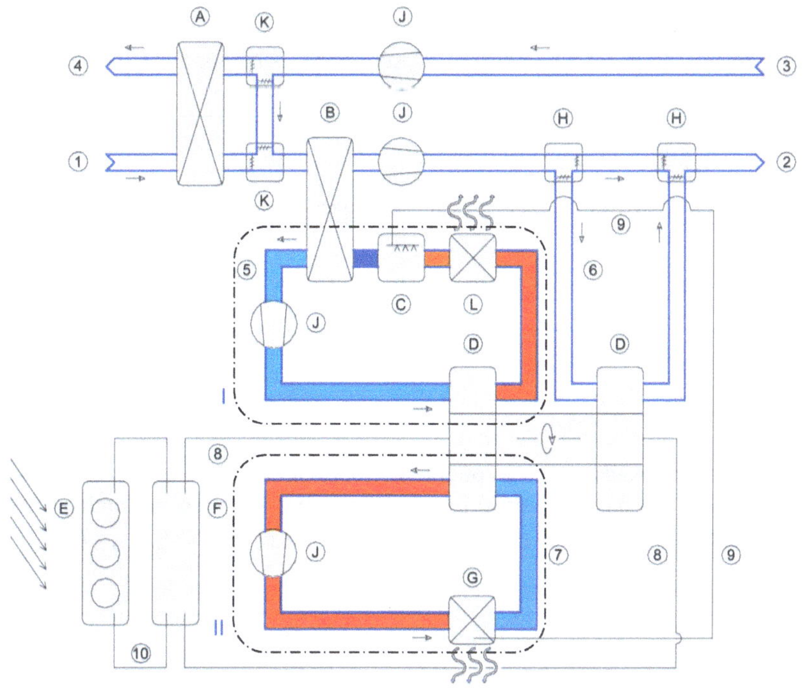

Abbildung 48: Closed-Desiccant-Cooling System (CDC), Kreisläufe der einzelnen Prozessluftsysteme (I Kühlluft- und II Desorptionsluftvolumenstrom)

Die absolute Feuchte von 1 Kilogramm Luft einer Temperatur von t_{ProzL} = 75 °C und 50%iger Sättigung liegt bei ca. ρ_w = 146,7 g/kg, die von 1 Kilogramm Luft einer Temperatur von t_{ProzL} = 47 °C und einer relativen Feuchte von φ_{ProzL} = 90 % bei ca. ρ_w = 64,8 g/kg. D.h., innerhalb des Abkühlungsprozesses von 1 kg Prozessluft fallen M_K = 81,8 g/kg Kondensat an. Das anfallende Kondensat wird in den Befeuchter (C) rückgeführt und für die erneute adiabate Kühlung des Prozessluftvolumenstroms I (5) genutzt. Die freiwerdende Kondensationswärme wird an die Umgebung abgegeben.

Die nach dem Kondensationsprozess im Sorptionsluftvolumenstrom verbleibende Restfeuchte von ca. M_K = 64,8g Wasser wird nachfolgend wieder von den Sorptionspatronen (D) der Sorptionstrommel aufgenommen. D.h., dass lediglich m = 81,8 g Wasser pro kg Luft über den Kühlluftvolumenstrom zugeführt werden müssen, um bei einer Desorptionstemperatur von t_{Des} = 75 °C eine relative Feuchte von φ_{ProzL} = 50 % zu generieren. Die Menge des Kondensats entspricht somit der zugeführten Wassermenge, der Wasserkreislauf ist ausgeglichen.

Wärmemenge Q

t_{ProzL} = 47°C; ρ_{ProzW} = 64,8g/kg → t_{ProzL} = 75°C; ρ_{ProzW} = 146,7g/kg

Wasser m = 81,8 g/kg

Die absolute Beladung der Sorptionspatronen mit Wasserdampf muss vor der Desorption wie dargelegt etwa ρ_w = 146,7 g betragen, um eine Kondensation bei Außenbedingungen zu gewährleisten (Annahme φ_{ProzL} = 50 %, t_{Des} = 75 °C).

Wärmemenge Q

t_{ProzL} = 50°C; ρ_w = 8,24g/kg * 9,9kg → t_{ProzL} = 75°C; ρ_w = 146,7g/kg

Restfeuchte m= 64,8g/kg

Sofern 1 kg Prozessluft durch die Sorptionspatronen geleitet wird, werden unter den vorliegenden Bedingunge ρ_w = 8,24 g Wasser von den Adsorbentien aufgenommen. Um den absoluten Feuchtigkeitsgehalt der Silikagelpatronen auf ρ_w = 146,7 g Wasser anzuheben, müssen unter Berücksichtigung der im Desorptionsluftvolumenstrom verbleibenden Restfeuchte von ρ_w = 64,8 g Wasser zusätzlich etwa m = 9,9 kg Luft durch die Patronen geleitet werden.

D.h., dass insgesamt m = 10,9 kg Luft durch eine Desorptionspatrone geleitet werden müssen, bis diese ca. m = 146,7 g Wasser aufgenommen hat.
Die Desorption einer Silikagelpatrone erfolgt jedoch mit 1 Kilogramm Prozessluft, um eine Unterschreitung der Feuchttemperatur bei einer Außenlufttemperatur von t_{AL} = 40 °C zu gewährleisten. Das unterschiedlich hohe Prozessluftvolumen, das für Desorption und Adsorption bereitgestellt wird, ermöglicht somit die Erstellung eines Kreislaufprozesses, der die Basis des Systems darstellt und eine Kühlleistung ohne Wasserverbrauch ermöglicht.

Wärmemenge Q

t_{ProzL} = 75°C; ρ_w = 146,7g/kg → t_{ProzL} = 47°C; ρ_w = 64,8g/kg

Kondensat M_K= 81,8g/kg

Zusammenfassend stellt sich der Ablauf für 1 kg Prozessluft wie folgt dar: Die Prozessluft weist vor der Erhitzung auf die Desorptionstemperatur von t_{Des}= 75 °C eine Temperatur von t_{ProzL} = 47 °C und eine absolute Feuchte von ρ_w= 64,8 g/kg auf. Dies entspricht einer relative Feuchte von φ_{ProzL} = 90 %. Nach der Erwärmung der Prozessluft auf die Desorptionstemperatur von t_{Des} = 75 °C fällt die relative Feuchte der Prozessluft auf ca. φ_{ProzL} = 25 % ab.
Die erhitzte Prozessluft wird nachfolgend über eine Sorptionspatrone geleitet und nimmt m = 81,8 g Wasser in Form von Wasserdampf auf, wodurch die relative Feuchte der erhitzten Prozessluft auf φ_{ProzL} = 50 % ansteigt.
Nachfolgend wird die Prozessluft über einen Wärmetauscher geführt, wodurch es zu einer Unterschreitung des Taupunktes kommt. Insgesamt werden M_K= 81,8 g Kondensat frei. Die Temperatur der Prozessluft fällt auf t_{ProzL} = 47 °C ab und die relative Luftfeuchtigkeit steigt auf $\varphi_{Proz\ L}$= 90 % an. Der Ursprungszustand ist wieder erreicht, der Prozess kann von vorne beginnen. Nachfolgend ist der gesamte Prozess im H-x Diagramm dargestellt:

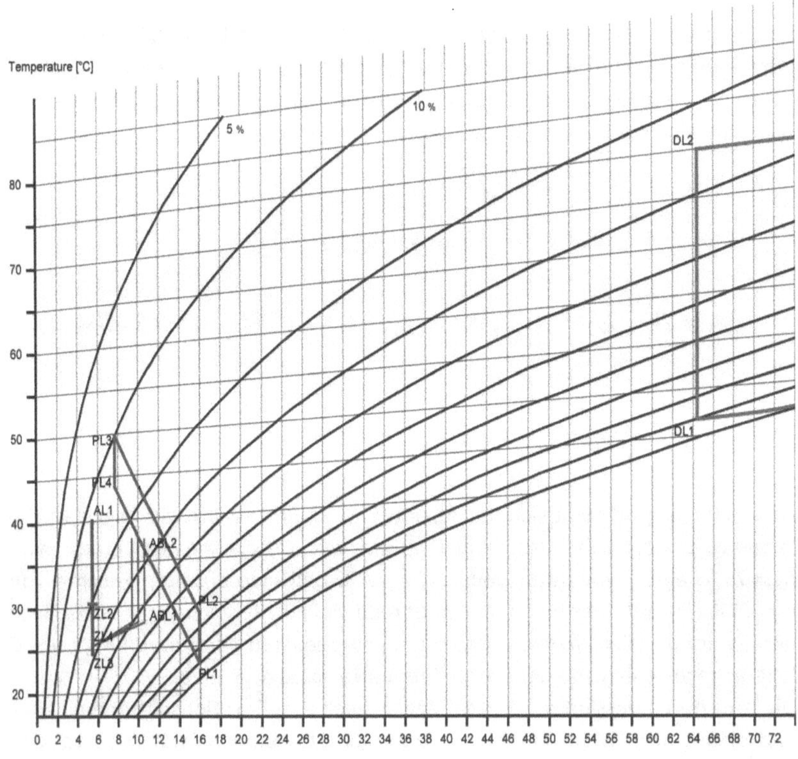

AL1 : t_{AL} = 40,0°C;	φ_{AL} = 12,0%		DL1 : t_{ProzL} = 47,0°C;	φ_{AL} = 90,0%
ABL1 : t_{AbL} = 28,0°C;	φ_{AL} = 40,0-45,0%		DL2 : t_{ProzL} = 75,0°C;	φ_{AL} = 25,0%
ABL2 : t_{AbL} = 37,6°C;	φ_{AL} = 23,3-26,2%		DL3 : t_{ProzL} = 75,0°C;	φ_{AL} = 50,0%
			DL4 : t_{ProzL} = 59,0°C;	φ_{AL} = 100,0%

Abbildung 49: Closed-Desiccant-Cooling System (CDC), Kreisläufe aller Prozesse

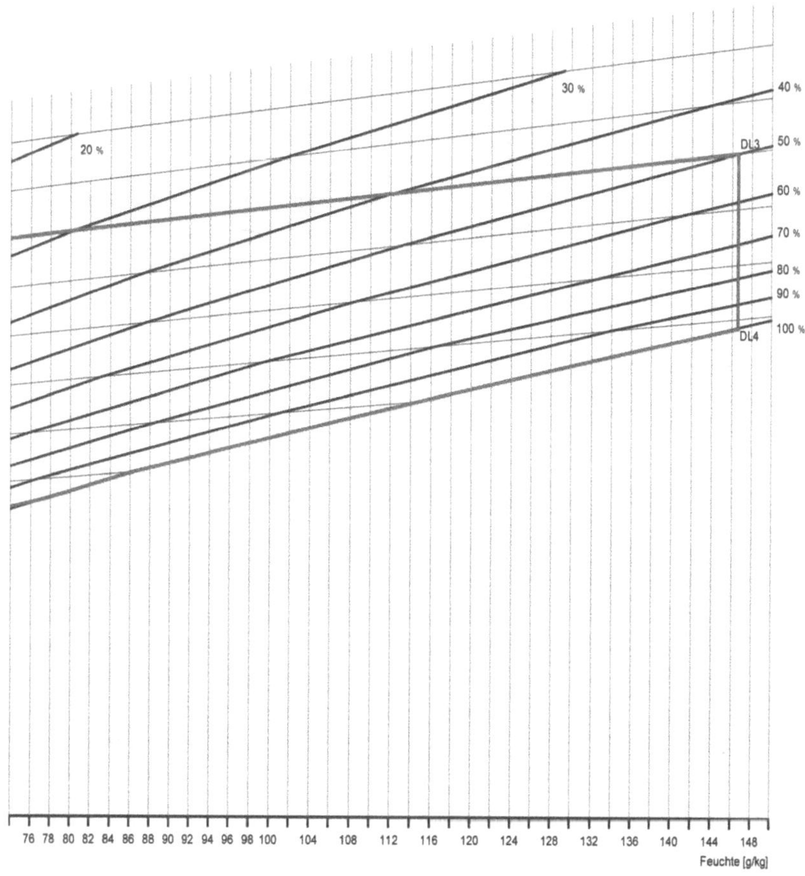

PL1	: t_{ProzL} = 23,0°C;	φ_{AL} = 90,0%	ZL2	: t_{AL} = 30,4°C;	φ_{AL} = 20,4%
PL2	: t_{ProzL} = 28,9°C;	φ_{AL} = 63,5%	ZL3	: t_{AL} = 24,5°C;	φ_{AL} = 28,8%
PL3	: t_{ProzL} = 49,8°C;	φ_{AL} = 10,0%	ZL4	: t_{AL} = 25,5°C;	φ_{AL} = 27,1%
PL4	: t_{ProzL} = 43,7°C;	φ_{AL} = 13,8%			

Wie dargelegt, können beide Prozessluftvolumenströme nicht parallel und zeitgleich durch das System geführt werden. Um eine Aussage über die zeitliche Relation von Kühlluftvolumenstrom und Desorptionsluftvolumenstrom zu machen, ist es notwendig, eine Annahme zu Bauteilabmessungen vorzunehmen. Vor dem Hintergrund der Annahme, dass die Luftkanäle des CDC-Systems sowie die Durchströmungsflächen der Sorptionspatronen über eine lichte Fläche von ca. A = 0,03 m² verfügen und der Kühlluftvolumenstrom eine Luftgeschwindigkeit von etwa V_h = 2 m/s aufweist, ergibt sich bei einer Vernachlässigung aller reibungsbedingter Druckverluste folgender resultierender Kühlluftvolumenstrom:

$$V_{KL} = A_T * V_T$$
$$V_{KL} = 0{,}03m^2 * 2{,}0m/s$$
$$V_{KL} \approx 0{,}06m^3/s$$

Das Gewicht von 1Kilogramm Luft[81] kann bei einer Temperatur von t_{ProzL} = 50 °C mit etwa ρ_L = 1,09 kg/m³ angesetzt werden. D.h., dass 1 kg Luft bei Vernachlässigung aller reibungsbedingter Druckverluste erst nach ca. T = 15,3 s durch die Sorptionspatronen geführt wurde. Um den insgesamt benötigten Kühlluftvolumenstrom von m = 9,9 kg durch das System zu transportieren, werden demnach etwas mehr als T = 2,5 min benötigt. Diese Zeitspanne entspricht vor dem Hintergrund der Annahmen dem Zeitraum, der benötigt wird, um die Adsorptionsmenge von ρ_w = 146,7 g durch den Kühlluftvolumenstrom (Prozessluftvolumenstrom I) in den Sorptionspatronen einzulagern. Da die Desorption der Patronen mit 1 kg Luft erfolgt, bedeutet dies, dass der Desorptionsluftvolumenstrom (Prozessluftvolumenstrom II) nur alle 2,5 Minuten, für einen Zeitraum von ca. T = 15 s anläuft, um eine Kammer des Systems zu desorbieren. Bei 8 vorhandenen Sorptionskammern kann demnach davon ausgegangen werden, dass für eine vollständige Drehung der Sorptionstrommel unter den exemplarisch dargestellten Bedingungen ca. T = 20 min benötigt werden.

[81] Gewicht von 1kg Luft: linear interpolierter Wert nach einer Tabelle von Prof. Dr.-Ing. Beer, Vorl. Thermodynamik II, Fachgebiet Technische Thermodynamik, Technische Hochschule Darmstadt TUD, 1992

9.4 Prozesswasserkreislauf im Klimatisierungssystem

Prozesswasser ist in Form von Wasser und Wasserdampf in das System eingebunden und zirkuliert zwischen dem Kühlluftvolumen- und dem Prozessluftvolumenstrom. In einem ersten Schritt wird Prozesswasser in Bauteil C über ein Zellulosevlies[82] geleitet, wobei es zu einem adiabaten Verdunstungseffekt kommt. Die relative Feuchte des Kühlluftvolumenstroms steigt hierdurch von φ_{ProzL} = 10 % auf φ_{ProzL} = 90 % an. Das Prozesswasser wird vom Kühlluftvolumenstrom in Form von Wasserdampf weitergetragen, bis dieser eine der rotationssymmetrisch angeordneten Kammern der Sorptionstrommel (Bauteil D durchströmt.

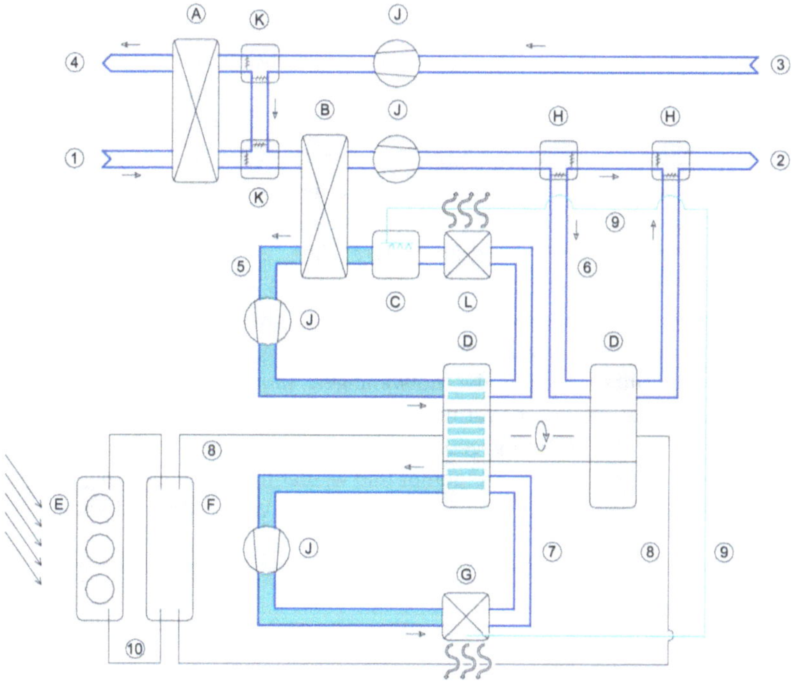

Abbildung 50: Systemführung des Prozesswassers im CDC-System (dampfförmig und flüssig)

[82] Befeuchtung über Zellulosevlies: Alternativ kann auch ein Rotations-, Sprüh- oder Kontakt befeuchter zum Einsatz kommen. Eine Dampfbefeuchtung kann nicht zum Einsatz kommen.

Innerhalb der Sorptionstrommel wird dem Kühlluftvolumenstrom ein Grossteil der vorhandenen Feuchte entzogen, indem Wasserdampf an Silikagel adsorbiert wird. Aufgrund des Trommelaufbaus werden von acht vorhandenen Kammern lediglich zwei zeitgleich vom Kühlluftvolumenstrom und zwei weitere zeitweilig vom Desorptionsluftvolumenstrom (siehe Abb. 55-56) durchströmt. Die einzelnen Kammern der Sorptionstrommel[83] werden während eines Prozesses kontinuierlich um eine zentrisch gelagerte Achse gedreht, so dass die Sorptionskammern, die in Folge einer Durchströmung des Kühlluftvolumenstroms Feuchtigkeit aufgenommen haben, nachfolgend vom Desorptionsluftvolumenstrom durchströmt werden können. Die Austreibung des im Silikagel adsorbierten Wasserdampfes erfolgt, indem heißes Wasser (8) durch einen im Zuluftkanal (11) der Sorptionstrommel befindlichen Wärmeübertrager geleitet und so der Desorptionsluftvolumenstrom über die Desorptionstemperatur des Silikagels erhitzt wird. Die benötigte Energie wird über Solarkollektoren (E) bereitgestellt. Die Durchströmung der silikagelgefüllten Kammern mit dem zuvor erhitzten Sorptionsluftvolumenstrom führt zu einer Erwärmung des Silikagels über die Desorptionstemperatur von $T_{Des} \approx 75$ °C, so dass zuvor vom Kühlluftvolumenstrom adsorbierter Wasserdampf an den durch die Sorptionskammer durchgeführten Desorptionsluftvolumenstrom (7) abgegeben wird. Der Desorptionsluftvolumenstrom (7) wird im weiteren über einen Kondensator (G) geleitet und das in Form von Wasserdampf gebundene Wasser in Folge einer Taupunktunterschreitung auskondensiert. Sofern Luftkollektoren zum Einsatz kommen, kann die entstehende Kondensationswärme für diese genutzt werden. Ein Unterschreiten der notwendigen Taupunkttemperatur[84] ist im Kondensator bei optimaler Wärmeabgabe und Umgebungstemperaturen von ca. $t_{AL} = 40$ °C in jedem Fall gegeben. Das auskondensierte Wasser wird nachfolgend in den Befeuchter (C) gepumpt und wieder für die Befeuchtung der getrockneten Luft genutzt, so dass ein geschlossener Wasserkreislauf vorhanden ist.

[83] Der Aufbau der Sorptionstrommel sowie die Nummerierung der einzelnen Bauteile ist den nachfolgenden Seiten zu entnehmen.

[84] Taupunkttemperatur: Die Taupunkttemperatur von Luft liegt bei einer Temperatur von $t =$ 75 °C und $\varphi = 90$ % bei etwa $t_{FT} = 72{,}5$ °C. Die Umgebungstemperatur von $t_{AL} = 40$ °C entspr. bei einer Temperatur von $t = 75$ °C der ungefähren Taupunkttemperatur bei $\varphi = 19{,}1$ % Sättigung.

9.5 Systematischer Aufbau der Sorptionstrommel

Die Sorptionstrommel kann als wesentlichste Systemkomponente des CDC-Systems betrachtet werden und erinnert in ihrem Aufbau an drei ineinander geschobene Rohre. In der Systemskizze stehen Bauteil SA für den äußeren Ring, Bauteil SB für den mittleren Ring und Bauteil SC für das mittig liegende Rundrohr:

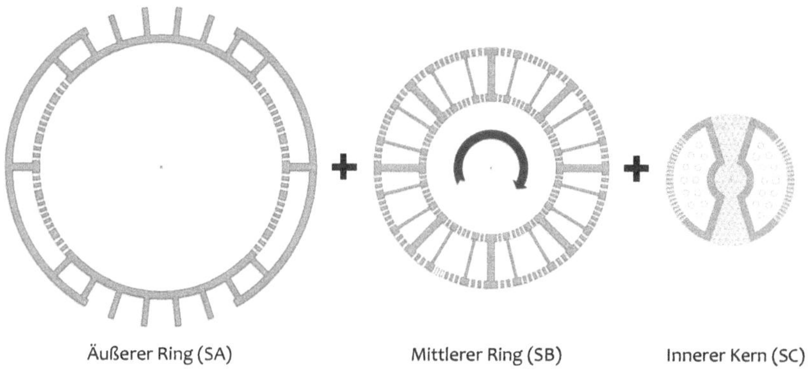

Abbildung 51: Sorptionstrommel, schem. Aufbau der einzelnen Bauelemente SA, SB und SC (hor.)

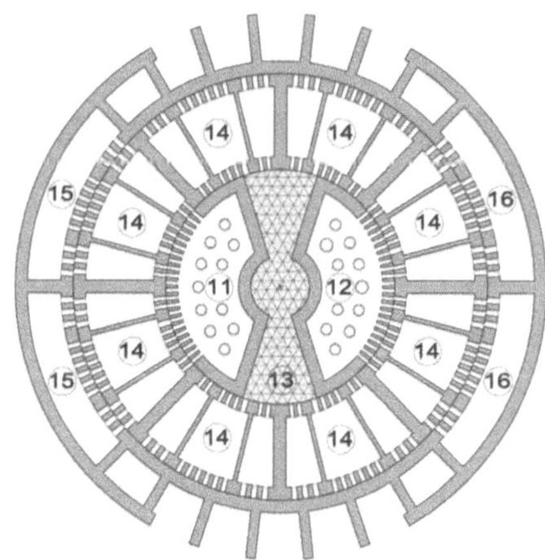

Abbildung 52: Sorptionstrommel, schematischer Aufbau des Systembauteils (hor.)

Die Funktion der Sorptionstrommel lässt sich wie folgt beschreiben: Der innerhalb des dreiteiligen Systems mittig liegende Ring (SB) ist in Form eines langsam innerhalb des Bauteils SA und um das Bauteil SC rotierender Adsorber- und Desorberbereich ausgebildet. Das zwischen den Bauteilen liegende Element wird über einen Motor angetrieben, so dass es sich langsam um das innere Rohr und innerhalb des äußeren Rings dreht. Der Antrieb dieses Elements erfolgt über einen kleinen Elektromotor geringer Leistungsaufnahme. Die Energie kann über Photovoltaikmodule gewonnnen werden. Die Drehgeschwindigkeit steht hierbei in direkter Abhängigkeit zur Höhe des kammerdurchströmenden Kühlluft- und Desorptionsluftvolumenstroms. Im Detail ist die Sorptionstrommel wie folgt aufgebaut:

11 Zuluftkanal für Kühlluftvolumenstrom (mit integriertem Wärmeübertrager)
12 Zuluftkanal für Desorptionsvolumenstrom (mit integr. Wärmeübertrager)
13 Kunststoffverguss als Lager- und thermische Trennschicht
14 Sorptionskammern mit Silikagelfüllung
15 Abluftkanal für Kühlluftvolumenstrom
16 Abluftkanal für Desorptionsvolumenstrom

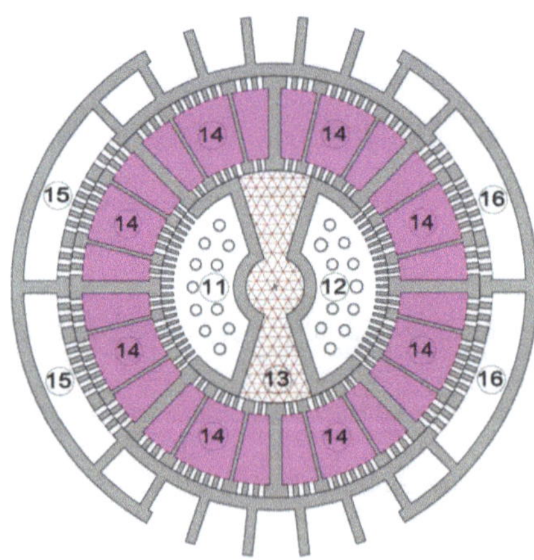

Abbildung 53: Sorptionstrommel, sorbentiengefüllter Bereich (14)

Das Bauelement SB verfügt über 8 Kammern. Die Kammern sind wiederum in einzelne Röhren unterteilt, die mit silikagelbeschichten Fasern gefüllt sind, wie sie in neuesten Hochleistungsverdampferrohren zum Einsatz kommen.

Aufgrund von versetzten Perforationsreihen wird sichergestellt, dass zwischen den Kammern (11) und (14) sowie (14) und (15) zu jeder Zeit der gleiche freie Querschnitt vorhanden ist, so dass es nicht zu Druckunterschieden innerhalb des Systems kommt. Das gleiche gilt für die Durchströmbereiche (12) und (14) sowie (14) und (16).

9.5.1 Adsorption von Wasserdampf im Klimatisierungssystem

Die mit Silikagel gefüllten Sorptionskammern (14) verfügen über innen- und außenseitige Perforationen, so dass sich innerhalb eines Rotationszyklus Durchlässe zu unterschiedlichen Kammern ergeben. Der vom Wärmetauscher (B) kommende Kühlluftvolumenstrom (Prozessluftvolumenstrom I) wird über den Zuluftkanal (11) in die Sorptionstrommel eingeleitet. Der Kühlluftvolumenstrom wird nachfolgend aus dem Zuluftkanal in die Sorptionskammern (14) geleitet. Die Überführung des Volumenstroms in zwei, vor dem Zuluftkanal (11) liegende Sorptionskammern (14) erfolgt über in den Sorptionskammern und im Zuluftkanal vorhandene Perforationen.

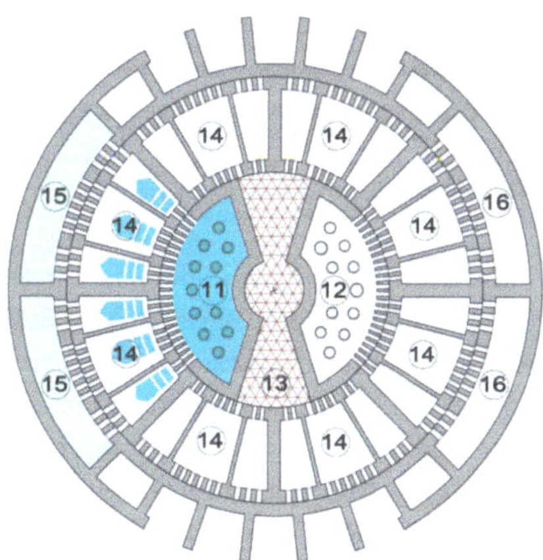

Abbildung 54: Sorptionstrommel, Durchströmung des Kühlluftvolumenstroms

Jeweils zwei der acht Kammern (14) werden im Betrieb von Innen nach Außen vom Kühlluftvolumenstrom durchströmt. Das in den Kammern befindliche Silikagel nimmt dabei den im Kühlluftvolumenstrom vorhandenen Wasserdampf auf und erwärmt sich aufgrund der freiwerdenden Adsorptionswärme bis zur spezifischen Adsorptionstemperatur. Eine weitere Erhöhung der Temperatur kann ausgeschlossen werden, da zusätzlich frei werdende Adsorptionswärme mit dem Kühlluftvolumenstrom abtransportiert wird (s.a. Kap. 9.2). Die Weiterleitung des feuchtereduzierten Kühlluftvolumenstroms aus den inneren Sorptionskammern (14) in den Abluftkanal des Kühlluftvolumenstroms (15) erfolgt über eine außenliegende Perforation der Sorptionskammern (14) und eine gegenüberliegende innenliegende Perforation des äußeren Bauteils SA (15). Nach der Aufnahme einer definierten Menge Wasserdampf aus dem Kühlluftvolumenstrom wird eine Sorptionskammer vom Kühlluftvolumenstrom und vom Abluftkanal (15) getrennt. Die Trennung der Bauteilbereiche erfolgt aufgrund der kontinuierlichen Rotation des Bauteils SB um dessen Längsachse.

9.5.2 Desorption von Wasserdampf im Klimatisierungssystem

Durch die Drehbewegung des Bauteils SB werden die Sorptionskammern, die zuvor Wasserdampf adsorbierten, erst in eine neutrale Zone transportiert, in der es zu keinerlei Ad- bzw. Desorption kommt und nachfolgend zwischen die Bereiche 12 und 16 gedreht, so das eine Desorption des zuvor aufgenommenen Wasserdampfes stattfinden kann. Die Desorption erfolgt, indem der dort zirkulierende Desorptionsluftvolumenstrom erst über einen innerhalb des Bauteils SC integrierten Wärmeübertrager auf die Desorptionstemperatur von $t_{Des} \approx 75$ °C erhitzt und anschließend über Perforationen in das Bauteil SB (14) überführt wird.

Beim Durchströmen der wasserdampfbeladenen, silikagelgefüllten Sorptionskammern (14) wird der zuvor adsorbierte Wasserdampf ausgetrieben und vom Desorptionsluftvolumenstrom mitgerissen. Der aus dem Bauteil SC aus Kammer (12) austretende Desorptionsvolumenstrom wird innerhalb des Bauteils von der Eingangstemperatur $t_{ProzL} = 47$ °C auf die benötigte Desorptionstemperatur von $t_{Des} = 75$ °C erhitzt, indem heißes Wasser durch die im Kanal (12) integrierten Wärmeübertrager gepumpt wird. Die zur Erhitzung des Desorptionsluftvolumenstroms benötigte heiße Wasser wird über Solarkollektoren erzeugt. Der in Kanal (16) eingeblasene, teilgesättigte Luftvolumenstrom wird nachfolgend über einen Kondensator (F) geleitet. Das zuvor als

Wasserdampf gebundene Wasser wird in Form von Kondensat zurückgewonnen. Das zurückgewonnene Kondensat steht für eine erneute Befeuchtung des dehydrierten Prozeßluftvolumenstroms zur Verfügung. Der Wasserkreislauf ist geschlossen, d.h., es erfolgt kein Wasserverbrauch!

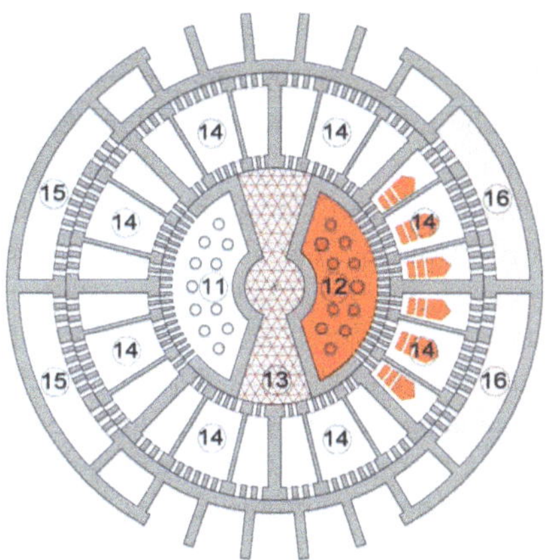

Abbildung 55: Sorptionstrommel, Durchströmung des Desorptionsluftvolumenstroms

Die dehydrierten Adsorptionskammern werden nachfolgend wieder mit Wasserdampf beladen, so dass ein neuer Zyklus von Ad- und Desorption beginnen kann.

9.6 Heizprozess des neuartigen solarthermischen Klimatisierungssystems

Das entwickelte CDC-System kann selbstverständlich auch zur Erwärmung der Zuluft genutzt werden und so im Sinne einer Teilklimaanlage zur Anwendung kommen. Eine Umwälzung der Prozessluftvolumenströme I + II ist während der Heizperiode nicht notwendig, eine Ad- bzw. Desorption findet nicht statt. Im Heizfall wird Außenluft, ebenso wie im Kühlfall in einem ersten Schritt über einen Gegenstromwärmetauscher (A) geführt und so vorkonditioniert. Die Abluft des Gebäudeinnenraumes dient im Unterschied zum Kühlfall der Vorerwärmung der Zuluft. Die Erwärmung der Zuluft auf Zulufttemperaturniveau erfolgt innerhalb der Sorptionstrommel. Die Sorptionstrommel arbeitet während der Heizperiode im Stillstandsbetrieb. Lediglich solar erhitztes Wasser wird durch die in den Zuluftkanälen (11) und (12) integrierten Wärmeüberträger gepumpt und an die durchströmende vorkonditionierte Zuluft übertragen, so dass sich die vorkonditionierte Zuluft bis auf die geforderte Zulufttemperatur erwärmt. Nachfolgend wird die Zuluft über die Kanäle (15) und (16) abgeleitet und dem Zuluftkanal zugeführt. Es erfolgt keine axialsymmetrische Rotation der Sorptionskammern, die Kammern dienen lediglich der Weiterleitung der Zuluft. Der im Zuluftkanal des Desorptionsvolumenstroms integrierte Wärmeübertrager dient während der Heizperiode nicht der Erhitzung des Desorptionsluftvolumenstroms (Prozessluftvolumenstrom II), sondern der Erwärmung der Zuluft. Der im Bereich des Zuluftkanals (15) integrierte Wärmeübertrager wird lediglich in der Heizsaison mit heißem Wasser durchströmt. Um das System vom Kühl- auf den Heizmodus umzuschalten, werden lediglich die Umschaltklappen (H) betätigt. Die Klappensteuerung ist wie das Gesamtsystem an ein Steuer- und Regelsystem angeschlossen. Das System kann generell mit Außenluft oder mit Umluft be-trieben werden. Die nachfolgenden Abbildungen zeigen die schematischen Unterschiede des Zu- und Abluftstroms während der Kühl- und der Heizperiode für den Außenluft- als auch für den Umluftbetrieb.

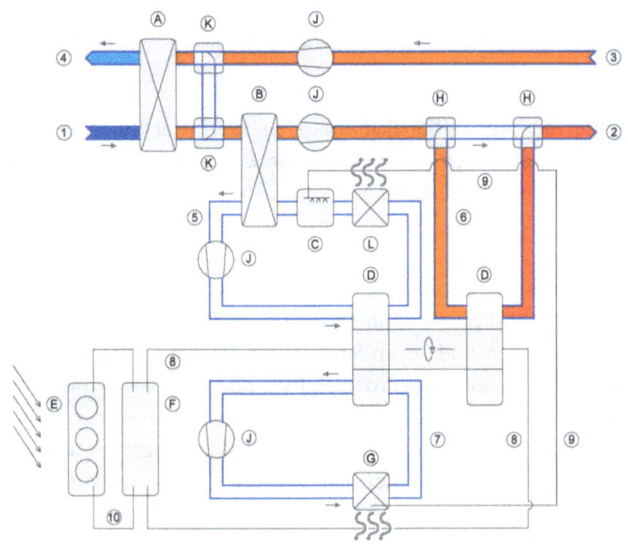

Abbildung 56: Heizperiode - Zuluft- / Abluftführung innerhalb des CDC-Systems

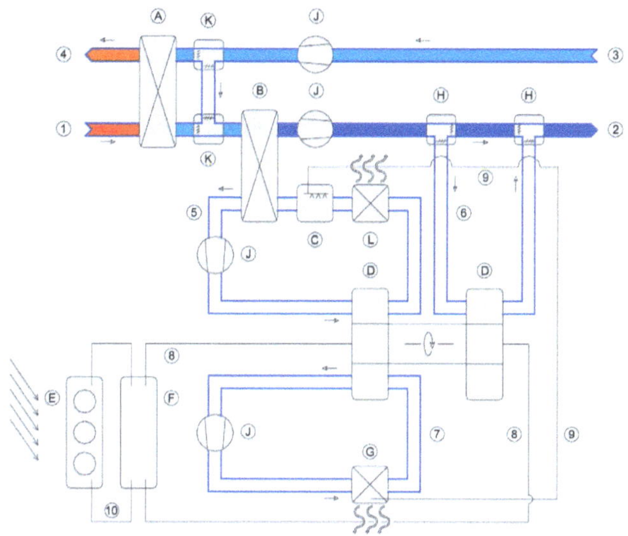

Abbildung 57: Kühlperiode - Zuluft- / Abluftführung innerhalb des CDC-Systems

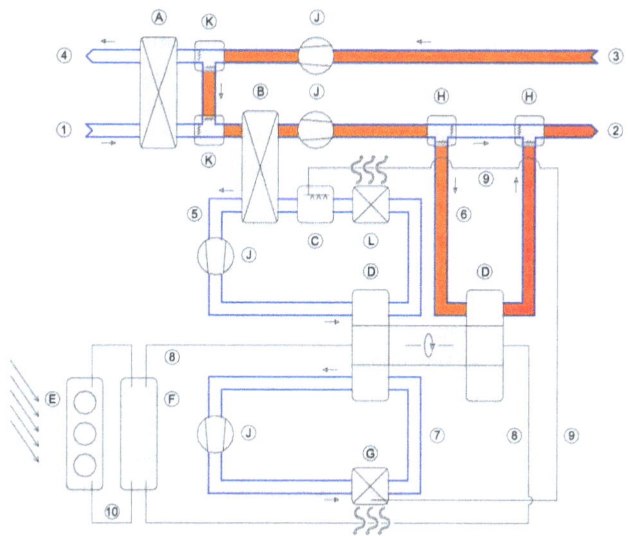

Abbildung 58: Heizperiode - Umluftführung innerhalb des CDC-Systems

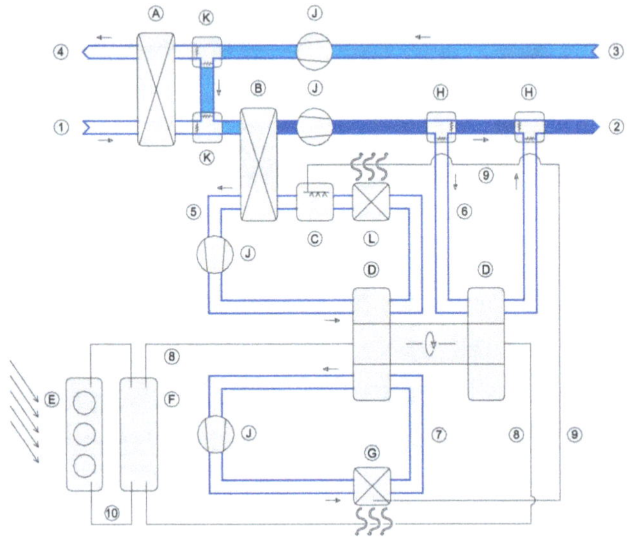

Abbildung 59: Kühlperiode - Umluftführung innerhalb des CDC-Systems

9.7 Beurteilung des neuartigen solarthermischen Klimatisierungssystems

Das innerhalb der vorliegenden Dissertation entwickelte System schließt eine bisher vorhandene Lücke zwischen den bekannten solarthermischen Kühlsysteme, da es einerseits eine Nutzung vorhandener thermischer Solarenergie ermöglicht und anderseits auch in trocken-heißen Gebieten ohne Wasserverbrauch arbeitet.

Im Unterschied zu bekannten solarthermischen Kühlsystemen[85] weist das entwickelte System auch bei hohen Außentemperaturen keinerlei Wasserverbrauch auf. Im Unterschied zu Kompressionskältesystemen kann mit dem System bei entsprechender Leistungszahl eine markante Menge an elektrischer Energie eingespart werden, da keinerlei elektrische Energie für die Kälteerzeugung benötigt wird.

Generell ähnelt das CDC-System in seinem Aufbau einem sorptionsgestützten Klimatisierungssystem (DEC-Anlage), weist aber auch systematische Ansätze

[85] Bekannte solarthermische Kühlsysteme: Hierzu zählen aufgrund hoher Außentemperaturen nass rückgekühlte Sorptionskältemaschinen und DEC-Anlagen im Allgemeinen.

einer Adsorptionskältemaschine auf. Im Unterschied zu einer DEC-Anlage kommt es jedoch zu keinerlei Wasserverbrauch. Der große Vorteil im Vergleich zu einer Adsorptionskältemaschine liegt neben dem wesentlich einfacheren technologischen Aufbau vor allem im Druckniveau des Systems. Ein CDC-System kann im Unterschied zu Sorptionskälteanlagen, die mit einem extremen Unterdruckniveau arbeiten, mit Normaldruck betrieben werden.

Siedetemperatur [°C]	Druck [mbar]	Siedetemperatur [°C]	Druck [mbar]
20	23	60	199
25	32	70	311
30	42	80	473
40	74	90	701
50	123	100	1013

Tabelle 4: Siedetemperaturen von Wasser in Abhängigkeit des Druckes (gerundete Werte)

Die minimal erzielbaren Zulufttemperaturen eines CDC-Systems liegen etwas oberhalb der von CDC-Systemen und deutlich über denen von Sorptionskälteanlagen. Sofern aufgrund der spezifischen Standortbedingungen nur unzureichende Desorptionstemperaturen (t_{Des}< 75 °C) erzielt werden können, kann das System auch mit einem leichten Unterdruck betrieben werden, wodurch sich die Desorptionstemperaturen absenken lassen.
Sofern das System im Unterdruckbereich betrieben werden sollte, ergeben sich hohere Anforderungen an die Dichtigkeit des Systems. Insbesondere die Desorptiontrommel müsste als Präzisionsbauteil hoher Güte gefertigt werden, was zu Kostensteigerungen führen würde.

Generell kann der Sorptionsprozess innerhalb des CDC-Systems neben der hier betrachteten Adsoptionsvariante auch über flüssige Absorbentien erfolgen. Der abweichende Aufbau einer flüssigen Absorption soll jedoch nicht näher betrachtet werden, da sich das Resultat eines modifizierten Aufbaus nicht von dem einer adsorptionsbasierten Lösung unterscheidet.

Im Unterschied zu Sorptionskältemaschinen ist das CDC-System auch bei extrem hohen Umgebungstemperaturen problemlos einsetzbar. Die Problematik der Rückkühlung, wie sie bei Sorptionskältemaschinen ab einer Umgebungstemperatur von ca. t_{AL} = 32 °C auftritt, entfällt bei einem CDC-System. Der Einsatz von Adsorptionskältemaschinen bei hohen Umgebungstemperaturen, wie sie im Planungsgebiet vorliegen, ist generell nur möglich, wenn eine Rückkühlung über einen Nasskühlturm oder eine vergleichbare Wärmesenke erfolgen kann. Eine Rückkühlung über einen Nasskühlturm ist jedoch mit einem kontinuierlichen Wasserverbrauch verbunden.

Aufgrund des kontinuierlichen Wasserverbrauches von DEC-Anlagen oder Sorptionskälteanlagen wird deren Einsatz in arid-heißen Gebieten nicht empfohlen. Im Unterschied zu diesen Anlagen können die weitverbreiteten Kompressionskältesysteme ohne Wasserverbrauch eingesetzt werden. Eine Nutzung von thermischer Solarenergie ist bei Kompressionskälteanlagen jedoch nicht möglich, weshalb diese Systeme nicht von den spezifischen Standortbedingungen profitieren.

Da das entwickelte CDC-System die Vorteile der bekannten solarbasierten Kühlsysteme nutzt, nicht jedoch über deren Nachteile verfügt und im Unterschied zu Kompressionstechnologien keine elektrische Energie für die Kälteerzeugung benötigt, ist das CDC-System als hervorragend an das Umfeld angepasst und somit als extrem innovativ einzustufen.

10 Gebäudesimulation

Eine Aussage über die Effizienz des entwickelten CDC-Systems kann nur erfolgen, sofern das thermisch-dynamische Verhalten und die daraus resultierenden Kühllasten eines typischen Gebäudes am Planungsstandort bekannt sind. Um die dafür benötigten Simulationen und Berechnungen durchführen zu können, wurde ein einfacher Gebäudetyp entwickelt, der den klimatischen Anforderungen des Planungsgebiets entspricht.

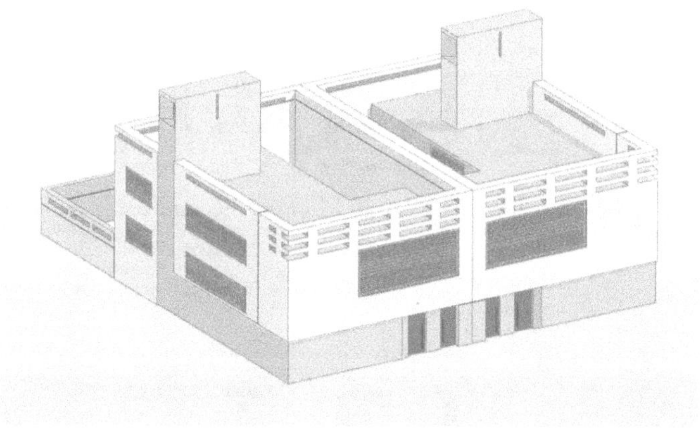

Abbildung 60: Isometrie der Gebäude, die im folgendem für die Simulationen dienen

Das Gebäude wurde als typisches Gartenhofhaus mit standortgerechter Gebäudegeometrie entwickelt. Die Ausrichtung des Gebäudes erfolgte in einer Nord-Südausrichtung, um die solaren Wärmeeinträge im Sommer auf ein Minimum zu reduzieren. Die Ausrichtung gegen Norden erfolgte mit einer Abweichung von α = 7,5 °, wie sich aus der Simulation in Kap. 2.1 ergab. Neben den standortoptimierenden Parametern wurden im Planungsprozess ebenso typologische Aspekte der traditionellen arabischen Architektur sowie kulturell geprägte Ausformungen der Innenraumkonfiguration berücksichtigt. So findet sich neben der Dachterrasse beispielsweise ein „abknickender", den Blick in weitere Innenräume verwehrender Eingangsbereich oder eine Galerie mit zuschaltbarem Salon. Vor allen Verglasungen liegen, den Innenraum verschattende Maschrabiyas (Holzgitterschirme), die in Form von Lamellen ausgeführt wurden. Diese Bauelemente wurden in der thermisch-dynamischen Simulation als Verschattungselemente berücksichtigt. Die Raumgrößen sowie die überbaute Fläche entsprechen den Anforderungen der ägyptischen Bauordnung [19,S.-]. Der Entwurf des Gebäudes ist kein wesentlicher Aspekt der vorliegenden Dissertation. Das Gebäude wurde dreidimensional modelliert[86] und allen Bauteilen physikalische Materialeigenschaften zugeordnet, um das thermisch-dynamische Verhalten des Gebäudes unter variierenden Gesichtspunkten vergleichen zu können [24, S.87f].

Abbildung 61: Grundrisse des Gebäudes, dass im folgenden für die Simulationen dient [24, S.90]

Das Gebäude ist als Stahlbetonskelettkonstruktion mit einer Ausfachung aus zementstabilisierten Lehmsteinen, (compressed-blocks) konzipiert. Die Wandstärke wurde mit d = 400 mm angenommen. Die Wände sind im Außenbereich

[86] Dreidimensional modelliert: Die Modellierung erfolgte mit dem Computerprogramm TAS-Building Designer [A], einer Spezialsoftware, die in Zusammenarbeit mit der Software A-TAS [B] realistische thermisch-dynamische Gebäudesimulationen erlaubt.

mit einem d = 20 mm starken Kalk- und im Inneren mit einem d= 15mm starken Kalk-Gipsputz versehen. Der Aufbau der Deckenplatte besteht aus d= 160mm Stahlbeton sowie einem Aufbau aus Fliesen und Mörtelbett (d= 20mm). Die Decke ist unterseitig mit einem d = 15 mm starken Kalk-Gipsputz versehen. Die Geschosshöhen des Gebäudes betragen d = 3,0 m, der Deckenaufbau hat eine Gesamthöhe von d = 19,5 cm. Alle Außen- und Innentüren wurden als Weichholztüren mit einer Stärke von d = 20 mm definiert. Die Fenster bestehen aus einem Holzrahmen mit einer Einfachverglasung aus d= 4 mm Floatglas. Der Verglasungsanteil wurde in Relation zur dahinterliegenden Raumgröße definiert. Der relative Anteil der Verglasung liegt bei ca. β = 12 % der Grundfläche des Raumes, den die Fenster belichten. Alle zum öffentlichen Raum orientierten Fenster sind mit einer hoch liegenden Brüstung, ohne Sturz und in einem vorwiegend liegenden Format ausgeführt. Diese Ausführung wurde gewählt, um einerseits während der Nachtstunden eine maximale Entwärmung der Gebäudeinnenräume sicherzustellen und andererseits externe Wärmegewinne, die am Tag aufgrund von Bodenreflexionen auftreten, zu minimieren. Die außenliegenden Fensterlaibungen haben eine Tiefe von d = 30 cm und gehen in die rechnerische Simulation als Verschattungselemente ein. Eine Umgebungsbebauung wurde in den Computersimulationen aus Gebäuden angenommen, welche dem des simulierten Hauses entsprechen. Der Abstand einzelner Gebäude wurde an den Giebelseiten mit l = 6 m und zwischen den Gebäuden mit l = 2,5 m angenommen [24, S.87f].

Das Gartenhofhaus wird mit einem Windcatcher ausgestattet, über den Außenluft mit geringer Schadstoff- und Staubbelastung in das Gebäudeinnere eingeführt werden kann. Eine Höhenänderung des Windcatchers im Bereich weniger Meter hat, wie sich in Kap. 4.5 zeigte, keinen markanten Einfluss auf die zu erwartenden Lüftungsraten des Gebäudes. Das CDC-System wird in den Windcatcher integriert. Die Orientierung des Windcatcher wurde so gewählt, dass anstehender Winddruck bzw. -sog theoretisch die Tätigkeiten der im CDC-System integrierten volumenstromgesteuerten Zu- und Abluftventilatoren unterstützen kann. Der Gebäudekomplex verfügt neben dem Innenhof über einen kleinen, hinter dem Haus liegenden Garten [24, S.87ff].

10.1 Thermisch-dynamische Gebäudesimulation

Das Gebäude wurde in verschiedene Zonen mit unterschiedlichen internen Lastfällen unterteilt. Diese Zonen wurden einzeln simuliert, um Aussagen über Lufttemperatur, mittlere Strahlungstemperatur und resultierende Temperatur zu erlangen. Die Simulation wurde mit dem Computerprogramm A-TAS [B], einer Spezialsoftware für thermisch-dynamische Prozesse erstellt. Grundlage für die Simulationen bilden die stündlichen Wetterdaten in Form einer TMY-Datei[87] der Stadt Assuan[88] [D; 24, S.90ff]. Für eine rechnerische Modellierung wurden folgende Daten zugrunde gelegt [24, S.88]:

- Bodenreflexion Außenbereich : 0.25
- **Einflussbereich auf die Simulation: 20 Tage vor berechnetem Zeitpunkt**
- Lage: Städtisch
- Luftwechselrate: n = 4 h^{-1}

Schlafzimmer (9,6 m²/ 9,9 m²/ 12,0 m²):
- Grundlast: 25 W pro Raum
- Nutzung: 22 h bis 6 h; 2 Personen (35 W sensibel, 10 W latent)

Galerie (13,2 m²), **Eingangsbereich** (4,4 m²), **Flur OG** (13,2 m²):
- Grundlast: 25 W pro Raum
- Nutzung: 20 h und 22 h; Beleuchtung (80 W pro Raum)

Salon (12,0 m²):
- Grundlast: 25 W
- Nutzung: 8 h bis 22 h; 3 Personen (50 W sensibel, 15 W latent)

Küche (6,4 m²):
- Grundlast: 150 W
- Nutzung: 18 h bis 20 h; elektr. Geräte (250 W), 1 Person (90 W sensibel, 35 W latent)

[87] TMY: Typical meteorological year. Als TMY wird ein artifizielles aus Datensätzen der letzten Jahre gemitteltes Wetterband bezeichnet. Dieses beinhaltet für jede Stunde des Jahres alle wichtigen meteorologischen Daten, wie Lufttemperatur, direkte und indirekte solare Strahlung, Windgeschwindigkeit, relative Feuchte u.a.

[88] Assuan: Das TMY mit den meteorologischen Daten des Standortes wurde dem Computerprogramm Meteonorm [D] entnommen.

In folgenden Zonen wurden keine internen Wärmelasten angenommen, da diese vernachlässigbar gering sind oder keinerlei Auswirkung auf die untersuchten Räume haben würden: Abstellraum, Bad und WC.

Um eine optimale Kühlstrategie für das Gebäude entwickeln zu können, wurden acht variierende Situationen festgelegt, verglichen und analysiert. D.h., das Gebäude wurde ohne aktive Kühlung unter wechselnden Situationen im Hinblick auf sein thermisches Verhalten überprüft. Folgende Annahmen wurden getroffen [24, S.90f]:

- *Variante 1: Ermittlung von Basiswerten*
  Es wird die Annahme getroffen, dass alle Türen und Fenster immer geschlossen sind und der Windcatcher zu keiner Zeit in Betrieb ist. Es kann ermittelt werden, wie stark sich das Gebäude ohne Lüftung aufheizt.

- *Variante 2: Nutzung einer Nachtlüftung*
  Angenommen wird eine Nachtventilation zwischen t_h = 22 h - 6 h über die Fenster. Alle Fenster und Innentüren sind in dieser Zeit geöffnet. Im übrigen Zeitraum bleiben Fenster und Türen geschlossen. Der Windcatcher ist nicht in Betrieb.

- *Variante 3: Permanente Nutzung des Windcatchers*
  Der Windcatcher ist immer in Betrieb, Fenster und Türen bleiben permanent geschlossen. Eine Infiltration von Warmluft während des Tages sowie eine Auskühlung über den Windcatcher bei Nacht kann in Bezug zu Variante 1 gesetzt werden.

- *Variante 4: Nutzung einer Nachtventilüftung über den Windcatcher*
  Es erfolgt eine Nachtlüftung des Gebäudes über den Windcatcher zwischen t_h = 22 h - 6 h. Fenster und Innentüren bleiben während dieser Zeit und im restlichen Zeitraum geschlossen, da der Windcatcher nicht an alle Räume angeschlossen ist und eine Vergleichbarkeit der einzelnen Räume nicht gegeben wäre. Es kann eine Aussage über die Abkühlung einzelner Gebäudeteile durch den Windcatcher im Vergleich zu einer nächtlichen Auskühlung der gleichen Gebäudeteile über die Fenster (Variante 2) erfolgen.

◆ *Variante 5: Nutzung des Windcatchers am Tag*

Der Windcatcher ist am Tag während t_h = 6 h - 22 h in Betrieb. Die Fenster und Türen bleiben während dieser Zeit und im restlichen Zeitraum geschlossen. Eine evtl. während des Tages über den Windcatcher vorhandene Infiltration von Warmluft kann in Bezug zu Variante 1 gesetzt werden.

◆ *Variante 6: Nachtventilation und Windcatcherbetrieb bei Nacht*

Zwischen t_h = 22 h - 6 h erfolgt eine Nachtventilation über die Fenster. Fenster und Innentüren sind in dieser Zeit geöffnet. Im übrigen Zeitraum bleiben Fenster und Türen geschlossen. Der Windcatcher ist am Tag während t_h = 6 h - 22 h in Betrieb. Diese Untersuchung ist notwendig, da für den Einsatz des CDC-Systems unbelastete Zuluft benötigt wird, die über den Windcatcher bereitgestellt werden soll.

◆ *Variante 7: Nachtventilation und Windcatcherbetrieb bei Tag und bei Nacht*

Es wird von einer permanenten Nutzung des Windcatchers bei Tag und bei Nacht in Kombination mit einer Nachtventilation zwischen t_h = 22 h - 6 h ausgegangen. Während des Zeitraums der Nachtventilation bleiben Fenster und Innentüren geöffnet. Im übrigen Zeitraum werden alle Fenster und Innentüren als geschlossen angenommen. Die hier gewonnenen Werte können mit den Werten der Situation 6 verglichen werden.

◆ *Variante 8: Nachtventilation über Fenster und Windcatcher*

Im Zeitraum zwischen t_h = 22 h - 6 h wird eine parallele Kühlung der Gebäudeinnenräume über den Windcatcher und eine Fensterlüftung angenommen. Die hier gewonnenen Daten zeigen eine eventuell zusätzliche Abkühlung des Gebäudes über den Windcatcher.

In einer ersten Simulation werden Innenraumlufttemperaturen repräsentativer Räume ermittelt. Diese Simulation erfolgt für vier verschiedene Räume, die in direkter Verbindung mit dem Windcatcher stehen. Anhand der gewonnenen Daten wird einerseits eine Auswahl der Räume getroffen, die intensiver betrachtet werden. Des Weiteren wird eine passive Lüftungsstrategie ausgewählt [24,S.92], die zu einer effizienten Temperaturminderung beitragen und mit der entwickelten CDC-Kühlung kombiniert werden kann. Die nachfolgende Tabelle 5 zeigt eine Übersicht der möglichen Lüftungsstrategien:

Varianten	1	2	3	4	5	6	7	8
Fenster / Innentüren Offen zwischen t_h = 6 h - 22 h	---	---	---	---	---	---	---	---
Fenster / Innentüren Offen zwischen t_h = 22 h - 6 h	---	---	---	---	---	Ja	Ja	Ja
Fenster / Innentüren Geschlossen zwischen t_h = 6 h - 22 h	---	---	---	Ja	Ja	Ja	Ja	Ja
Fenster / Innentüren Geschlossen zwischen t_h = 22 h - 6 h	---	---	---	Ja	Ja	---	---	---
Windcatcher Offen zwischen t_h = 6 h - 22 h	---	---	---	---	Ja	Ja	Ja	---
Malqaf Offen zwischen t_h = 22 h - 6 h	---	---	---	Ja	---	---	Ja	Ja
Malqaf Geschlossen zwischen t_h = 6 h - 22 h	Ja	---	---	Ja	---	---	---	Ja
Malqaf Geschlossen zwischen t_h = 22 h - 6 h	Ja	---	---	---	Ja	Ja	---	---
Nachtlüftung über Fenster Zwischen t_h = 22 h - 6 h	---	Ja	---	---	---	Ja	Ja	Ja

Tabelle 5: Unterschiedliche Varianten der Gebäudesimulation [24, S.92]

Im Folgenden werden den einzelnen Räumen Zonen zugeordnet, denen wiederum unterschiedliche Parameter, wie z.B. eine max. Lufttemperatur zugeordnet werden können. Eine Zonierung der einzelnen Räume erfolgte in der Computersimulation wie folgt [24, S.92]:

Zone 9 ⇒ Schlafzimmer OG West
Zone 10 ⇒ Schlafzimmer OG Ost
Zone 16 ⇒ Schlafzimmer EG
Zone 17 ⇒ Salon

Aus nachstehender Tabelle wird deutlich, dass eine Nachtlüftung für das Gebäude von fundamentaler Bedeutung ist. Die niedrigsten Temperaturen können mit den Varianten 2, 6, 7 und 8, also Konfigurationen, die mit einer Nachtlüftung zwischen t_h = 22 h - 6 h arbeiten, erzielt werden. Die höchsten Innenraumtemperaturen entstehen unter der Nutzung der Varianten 1, 3, 4 und 5 erzielt, also mit Konfigurationen, die keine Nachtlüftung berücksichtigen. Wie sich zeigt, kann eine Nachtlüftung im vorliegenden Falle zu eine Reduktion der Innenraumtemperatur um bis zu T_{td} = 6 K bei Nacht und um bis zu T_{td} = 1 K bei Tag führen [24, S.93]. Einzelne Zonen werden mit dem Buchstaben Z abgekürzt (z.B. Zone 9 = Z9), die jeweils niedrigsten Temperaturen einer Zone sind hinterlegt [24, S.93].

Temp.*	Var. 1	Var. 2	Var. 3	Var. 4	Var. 5	Var. 6	Var. 7	Var. 8
t_{Min} Z9	32,0 °C	26,5 °C	30,5 °C	30,5 °C	31,0 °C	26,5 °C	26,5 °C	26,0 °C
t_{Max} Z9	37,5 °C	36,5 °C	37,5 °C	37,0 °C	38,0 °C	37,5 °C	37,0 °C	36,5 °C
t_{Min} Z10	31,5 °C	26,5 °C	30,5 °C	30,5 °C	31,0 °C	26,5 °C	26,5 °C	26,5 °C
t_{Max} Z10	37,5 °C	36,5 °C	38,0°C	37,0 °C	38,0 °C	37,0 °C	37,0 °C	36,5 °C
t_{Min} Z16	31,5 °C	26,0 °C	30,0 °C	29,5 °C	30,0 °C	26,0 °C	26,0 °C	26,0 °C
t_{Max} Z16	37,0 °C	36,5 °C	37,0°C	37,0 °C	37,5 °C	37,0 °C	37,0 °C	36,5 °C
t_{Min} Z 17	31,0 °C	26,0 °C	30,0 °C	30,0 °C	30,5 °C	26,0 °C	26,0 °C	26,0 °C
t_{Max} Z 17	37,5 °C	37,0 °C	37,5 °C	37,0 °C	37,5 °C	37,0 °C	37,0 °C	36,5 °C

* Die Temperaturen wurden auf Grund der einfacheren Vergleichbarkeit auf 0,5 °C Schritte gerundet, die Datensätze für Variante 1 (ungünstigste Bedingungen) und 8 (beste Voraussetzungen) finden sich im Anhang.

Tabelle 6: Ermittelte maximale und minimale Lufttemperatur innerhalb der Messzonen bei unterschiedlichen Annahmen (Var. 1-8 / TMY Assuan) [24, S.93].

Allgemein gesehen, stellen sich die Varianten 2 und 8 als am effizientesten dar, bieten aufgrund der eingeschränkten Tätigkeit des Windcatchers aber keine Möglichkeit, das CDC-System bei Bedarf den ganzen Tag zu betreiben. In dieser Ausarbeitung wird mit Variante 7, also einer Nutzung des Windcatchers bei Tag und Nacht in Verbindung mit einer Nachtlüftung weitergearbeitet.

Die folgenden Simulationen werden mit den Zonen 9 und Zone 17 weitergeführt, da sich bei diesen die geringste (T_{td} = 10,3 °C), bzw. die höchste (T_{td} = 10,8 °C) Temperaturschwankung[89] zwischen der Minimal- und der Maximaltemperatur unter Anwendung der effektivsten passiven Lüftungsstrategie ergab. Die Schwankungen sind zwar äußerst gering, es kann an dieser Stelle der Simulation jedoch nicht beurteilt werden, ob es sich um vernachlässigbare Temperaturunterschiede oder um eine grundlegende Tendenz handelt. Alle anderen überprüften Räume weisen zwischen den Extremwerten liegende Amplitudenschwankungen auf. Die folgenden Graphiken 63 und 64 zeigen den

[89] Schwankungen zwischen der Minimal- und der Maximaltemperatur: Detaillierte Datensätze zu den Graphiken finden sich im Anhang.

Verlauf der Lufttemperatur in den Zonen 9, 10, 16 und 17 für die unterschiedlichen Lüftungsstrategien 1 und 8 [24, S.93].

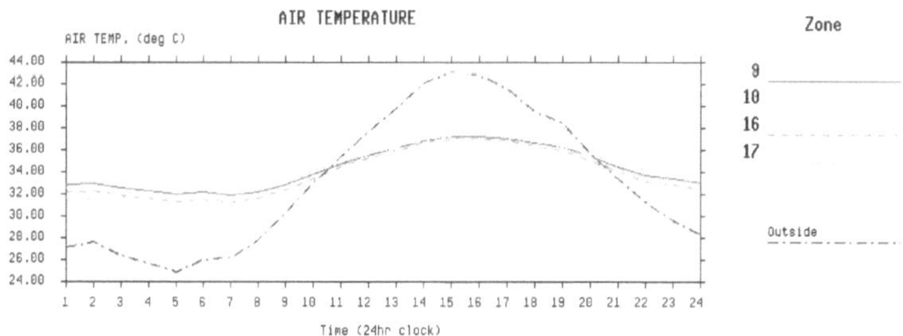

Abbildung 62: Simulierter Lufttemperaturverlauf der untersuchten Zonen bei Anwendung der Variante 1 [A; B; 24, S.94].

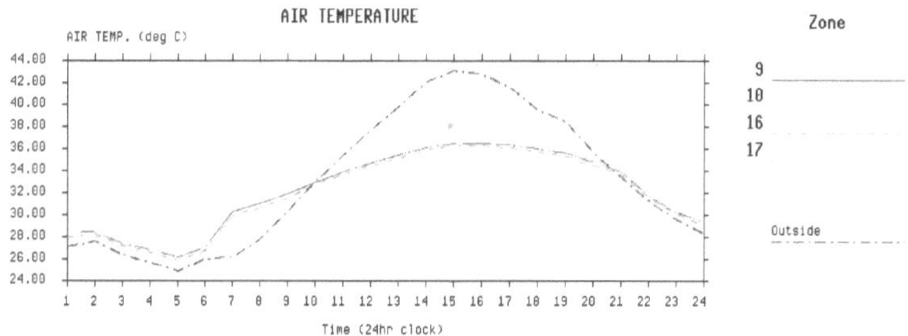

Abbildung 63: Simulierter Lufttemperaturverlauf der untersuchten Zonen bei Anwendung der Variante 8 [A; B; 24,S. 94].

Im Weiteren wird, wie bereits erwähnt, mit Lüftungsstrategie 7 als Basis für die Anwendung eines CDC-Systems weitergearbeitet, da diese die Möglichkeit bietet den Windcatcher auch bei Tag zur Gebäudekühlung zu Nutzen. Die nachfolgenden Graphiken zeigen den Verlauf der Luft-, der mittleren Strahlungs- und der resultierenden Temperatur unter Anwendung der Lüftungsvariante 7 für die Zone 9 und Zone 17 [A; B; 24, S.95].

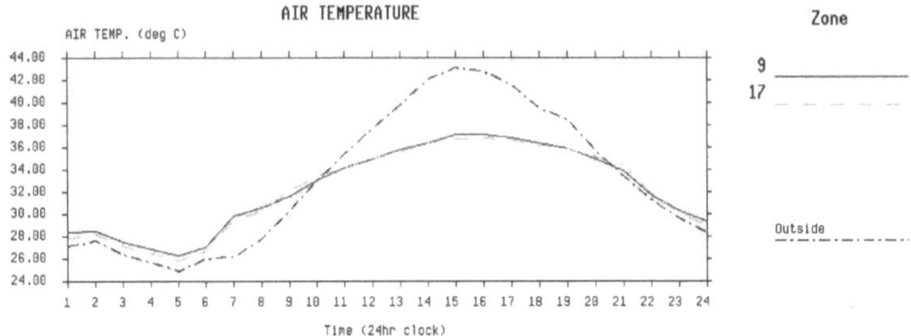

Abbildung 64: Simulierter Lufttemperaturverlauf der untersuchten Zonen bei Anwendung der Variante 7 [A; B; 24, S.95].

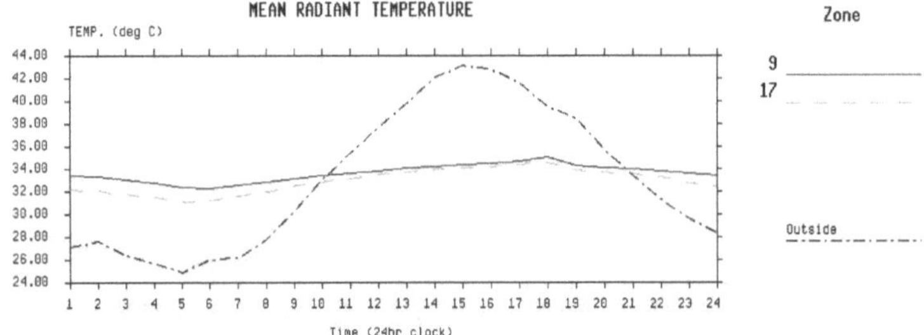

Abbildung 65: Sim. Strahlungstemperaturverlauf der untersuchten Zonen bei Anwendung der Variante 7 [A; B; 24, S.95].

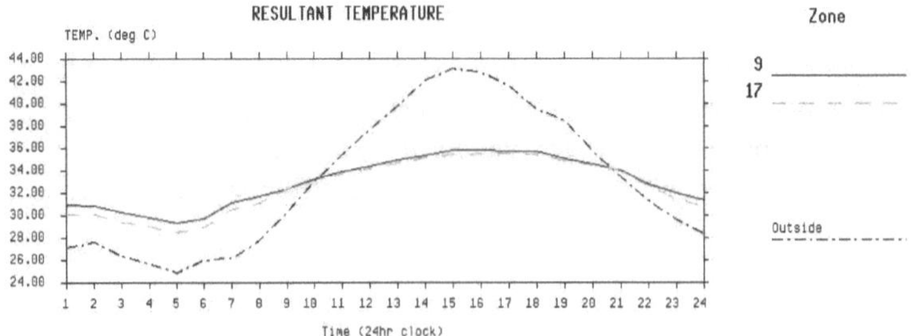

Abbildung 66: Sim. Verlauf der resultierenden Temp. der untersuchten Zonen bei Anwendung der Variante 7 [A; B; 24, S.95].

Generell kann eine Aussage über den Bedarf der zusätzlichen Kühlung über das CDC-System nur erfolgen, wenn die als angenehm empfundenen und in Abhängigkeit zu den mittleren Außentemperaturen (t_m) stehenden neutralen Innenraumtemperaturen (t_n)[90] bekannt sind.

Zeit	Zone 9		Zone 17	
t_h	t_{AL}	t_o	t_{AL}	t_o
1 h	27,1 °C	26,1 °C	27,1 °C	26,1 °C
2 h	27,6 °C	26,3 °C	27,6 °C	26,3 °C
3 h	26,4 °C	25,9 °C	26,4 °C	25,9 °C
4 h	25,7 °C	25,7 °C	25,7 °C	25,7 °C
5 h	24,9 °C	25,4 °C	24,9 °C	25,4 °C
6 h	26,0 °C	25,8 °C	26,0 °C	25,8 °C
7 h	26,2 °C	25,8 °C	26,2 °C	25,8 °C
8 h	27,8 °C	26,3 °C	27,8 °C	26,3 °C
9 h	30,3 °C	27,0 °C	30,3 °C	27,0 °C
10 h	33,0 °C	28,0 °C	33,0 °C	28,0 °C
11 h	35,4 °C	28,0 °C	35,4 °C	28,0 °C
12 h	37,7 °C	28,0 °C	37,7 °C	28,0 °C
13 h	39,8 °C	28,0 °C	39,8 °C	28,0 °C
14 h	42,1 °C	28,0 °C	42,1 °C	28,0 °C
15 h	43,1 °C	28,0 °C	43,1 °C	28,0 °C
16 h	42,8 °C	28,0 °C	42,8 °C	28,0 °C
17 h	41,6 °C	28,0 °C	41,6 °C	28,0 °C
18 h	39,5 °C	28,0 °C	39,5 °C	28,0 °C
19 h	38,5 °C	28,0°C	38,5 °C	28,0°C
20 h	35,7 °C	28,0 °C	35,7 °C	28,0 °C
21 h	33,4 °C	28,0 °C	33,4 °C	28,0 °C
22 h	31,3 °C	27,4 °C	31,3 °C	27,4 °C
23 h	29,6 °C	26,9 °C	29,6 °C	26,9 °C
24 h	28,3 °C	26,5 °C	28,3 °C	26,5 °C

Tabelle 7: Vergleich der optimalen Innenraumlufttemperaturen mit den simulierten Innenraumlufttemperaturen [24, S.96].

In dieser Ausarbeitung erfolgt eine Berechnung der optimalen bzw. neutralen Temperatur nach *Auliciemes*[91]. Die nach *Koenigsberger*[92] festgelegte Schwan-

[90] Neutrale Innenraumtemperatur: Siehe Kapitel 3.3

[91] Neutrale Temperatur nach Auliciemes: $t_n = 17{,}6 + 0{,}314 * Tm$

[92] Koenigsberger: Siehe Kapitel 3.3

kungsbreite von $22\ °C \leq t \leq 27\ °C$ wird berücksichtigt. Die nach *Szokolay*[93] definierte Über- bzw. Untertemperaturakzeptanz von $T_{td} = \pm 2$ K wird berücksichtigt, dass Temperaturmaximum wird jedochbei $t_{Max} = 28\ °C$ gehalten [24, S.96].
Das Verfahren ist somit nicht konform mit geltenden Regelwerken, sondern basiert im Sinne der gewonnenen Erkenntnisse auf stündlichen durchschnittlichen Außentemperaturen (Schattenlufttemperaturen). D.h., es wird in der vorliegenden Dissertation nicht von einer statischen, sondern einer dynamischen, auf die stündliche Außentemperatur bezogenen maximalen Innenraumtemperatur ausgegangen. Ziel dieser Annahme ist es einerseits, eine maximale Anpassung der Innenraumtemperatur an mögliche körpereigene adaptive Prozesse bei maximalem thermischen Komfort sicherzustellen und andererseits eine Optimierung des für die zusätzliche aktive Kühlung benötigten Energieverbrauches zu gewährleisten (s.a. Kap. 3.5).
Als aktive Kühltechnologie soll das im Rahmen der vorliegenden Dissertation entwickelte CDC-System zur Anwendung kommen. Das „Closed-Desiccant-Cooling-system" (CDC-System) soll im Windcatcher integriert werden.

10.2 Dynamische Kühllastsimulation

Um den aus der erforderlichen Temperaturdifferenz resultierenden Kühlleistungsbedarf zu simulieren, ist es notwendig, die optimale Innenraumtemperatur als maximale Lufttemperatur anzusetzen. Im Gegensatz zu den in Deutschland gültigen Richtlinien werden Innenraumtemperaturen von bis zu $t_{Max} = 28\ °C$ zugelassen. Die Kühllast wird nicht für die in Deutschland zu beachtende „abgebrochene Kühlung"[94] [30, S.1509ff], sondern bis zum tatsächlichen Erreichen der Maximaltemperatur von $t_{Max} = 28\ °C$ berechnet.
Da es mit thermisch-dynamischen Simulationsprogrammen allgemein nicht möglich ist, einem Raum unterschiedliche Maximaltemperaturen zu unterschiedlichen Uhrzeiten eines Tages zuzuweisen, pro Tag aber sieben verschiedene Maximaltemperaturen zugelassen werden sollen, wird dieses Problem über eine Hilfskonstruktion gelöst. Die Zonen 9 und 17 werden jeweils in 7 ver-

93 Szokolay: Siehe Kapitel 3.3

94 Abgebrochene Kühlung: Siehe hierzu die Technische Richtlinie VDI 2078 - Berechnung der Kühllast klimatisierter Räume. Die Richtlinie stellt u.a. fest, dass bei einer Anlagenauslegung nach VDI 2078 als Randbedingung von einer maximalen Außentemperatur von $T_{AL} = 26\ °C$ ausgegangen werden muss, bei der eine Innenraumtemperatur $T_{RL} = 22\ °C$ nicht überschritten werden soll. Eine höhere Außenlufttemperatur kann bei einer typischen Anlagenauslegung jedoch zu einer Erhöhung der Innenraumtemperatur über die geforderte maximale Innenraumtemperatur führen.

schiedene Bereiche unterteilt. Einer Zone können somit unterschiedliche Eigenschaften zugewiesen werden. Zone 9 besteht imaginär aus den Bereichen 9, 24, 25, 26, 27, 28 und 29. Die Zone 17 wurde in die Bereiche 17, 30, 31, 32, 33, 34 und 35 unterteilt. Eine Aufteilung der eigentlichen Messzone (Zone 9 und 17) in Bereiche erfolgt durch Wände die jedoch vollflächig ausgespart sind. D.h., es werden innerhalb des Simulationsprogramms lediglich imaginäre Wände erzeugt. Der Einfluss eines Bereiches (Maximaltemperatur) wirkt sich so auch auf die angeschlossenen Bereiche aus. Durch diese Hilfskonstruktion wird es möglich, einer Zone (Raum) zu unterschiedlichen Uhrzeiten unterschiedliche Maximaltemperaturen zuzuweisen. Um einem lokalen Wärmestau vorzubeugen, wird zwischen den Zonen zusätzlich ein hoher Luftwechsel fixiert, der garantiert, dass in allen Bereichen, die wiederum die eigentliche Messzone bilden, die gleichen thermischen Bedingungen gelten. Ein Vergleich einzelner Temperaturen zwischen den definierten Bereichen ergab aufgrund der lokal definierten Maximaltemperaturen eine maximale Temperaturabweichung von T_{td} = ±0,2 K. Die Abweichungen lagen somit im Bereich einer vernachlässigbaren Größenordnung. Die genauen Kühllastanalysen finden sich im Anhang[95].

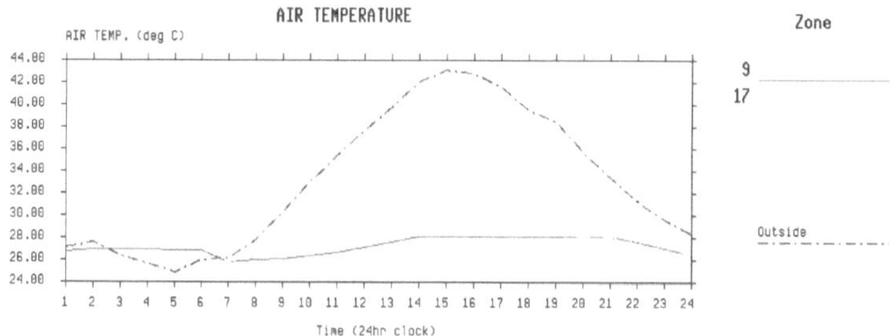

Abbildung 67: Simulierter Verlauf der Lufttemperatur der untersuchten Zonen bei Anwendung der Variante 7 [A; B; 24, S.98]. Die stündlichen Maximaltemperaturen in den Zonen 9 und 17 entsprechen den optimalen Raumtemperaturen aus Tabelle 7.

Die zuvorstehende Graphik zeigt den Verlauf der Lufttemperatur für Zone 9 und Zone 17 unter der Maßgabe, dass die optimale Innenraumtemperatur nicht überschritten werden soll. Deutlich zeichnen sich die unterschiedlichen optimalen Innenraumtemperaturen [24, S.98] aufgrund der unterschiedlichen

95 Anhang: Detaillierte Datensätze zu den Graphiken finden sich im Anhang.

Nutzungszeiten von Schlafraum (*Z* 7) und Salon (*Z* 17) ab. Die nachfolgenden Graphiken 69 und 70 zeigen den Verlauf der mittleren Strahlungstemperatur sowie der sich aus der Luft- und Strahlungstemperatur bildenden resultierenden Temperatur für die Zonen 9 und 17.

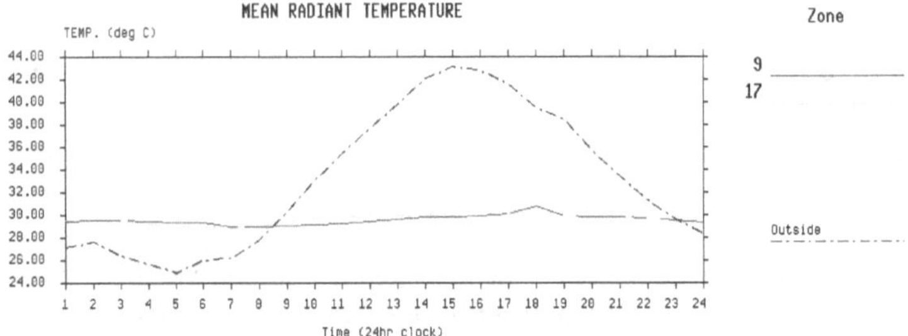

Abbildung 68: Simulierter Verlauf der mittleren Strahlungstemperatur der untersuchten Zonen bei Anwendung der Variante 7 [A; B; 24, S.98]. Die stündlichen Maximaltemperaturen in den Zonen 9 und 17 entsprechen den optimalen Raumtemperaturen aus Tabelle 7.

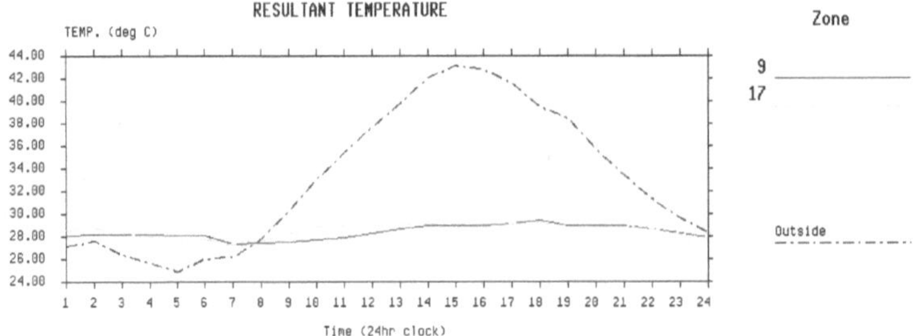

Abbildung 69: Simulierter Verlauf der resultierenden Temperatur der untersuchten Zonen bei Anwendung der Variante 7 [A; B; 24, S.99]. Die stündlichen Maximaltemperaturen in den Zonen 9 und 17 entsprechen den optimalen Raumtemperaturen aus Tabelle7.

Um den benötigten Kühlleistungsbedarf im Vorfeld optimal an die betrachteten simulierten Zonen anzupassen, und die Laufzeiten des CDC-Systems auf ein Minimum zu beschränken, werden folgende Annahmen getroffen:

In Zone 9, dem Schlafzimmer kann während der nicht genutzten Zeit also zwischen 6 h morgens und 22 h abends eine überhöhte Temperatur akzeptiert

werden. Das gleiche gilt für den Salon in der ungenutzten Zeit, also innerhalb des Zeitraums von 22 h bis 8 h morgens.
Da eine Luftzufuhr über das im Windcatcher integrierte CDC-System bzw. über Zuluftklappen geregelt werden kann, erscheint eine solche Annahme gerechtfertigt.

Zeit	**Zone 9**			**Zone 17**		
t_h	T_{AL}	t_o	Q_K	T_{AL}	t_o	Q_K
1 h	27,1 °C	26,1 °C	---	27,1 °C	---	---
2 h	27,6 °C	26,3 °C	---	27,6 °C	---	---
3 h	26,4 °C	25,9 °C	---	26,4 °C	---	---
4 h	25,7 °C	25,7 °C	---	25,7 °C	---	---
5 h	24,9 °C	25,4 °C	---	24,9 °C	---	---
6 h	26,0 °C	25,8 °C	---	26,0 °C	25,8 °C	---
7 h	26,2 °C	---	---	26,2 °C	25,8 °C	-0,89 kW
8 h	27,8 °C	---	---	27,8 °C	26,3 °C	-0,77 kW
9 h	30,3 °C	---	---	30,3 °C	27,0 °C	-0,95 kW
10 h	33,0 °C	---	---	33,0 °C	28,0 °C	-0,92 kW
11 h	35,4 °C	---	---	35,4 °C	28,0 °C	-1,16 kW
12 h	37,7 °C	---	---	37,7 °C	28,0 °C	-1,37 kW
13 h	39,8 °C	---	---	39,8 °C	28,0 °C	-1,57 kW
14 h	42,1 °C	---	---	42,1 °C	28,0 °C	-1,79 kW
15 h	43,1 °C	---	---	43,1 °C	28,0 °C	-1,88 kW
16 h	42,8 °C	---	---	42,8 °C	28,0 °C	-1,88 kW
17 h	41,6 °C	---	---	41,6 °C	28,0 °C	-1,81 kW
18 h	39,5 °C	---	---	39,5 °C	28,0 °C	-1,69 kW
19 h	38,5 °C	---	---	38,5 °C	28,0 °C	-1,51 kW
20 h	35,7 °C	---	---	35,7 °C	28,0 °C	-1,26 kW
21 h	33,4 °C	---	---	33,4 °C	28,0 °C	-1,08 kW
22 h	31,3 °C	27,4 °C	-2,86 kW	31,3 °C	27,4 °C	-1.43 kW
23 h	29,6 °C	26,9 °C	-2,42 kW	29,6 °C	---	---
24 h	28,3 °C	26,5 °C	-1,88 kW	28,3 °C	---	---

Tabelle 8: Außenlufttemperaturen (T_{AL}), daraus resultierende optimale Innenraumtemperaturen (t_o) und entstehende Kühllasten (Q_K) [24, S.102].

Wie sich aus nachstehenden Graphiken 70 und 71 ergibt, sind entstehende Kühllasten neben den externen Lasten stark von der Nutzungszeit abhängig sind und variieren in Relation zu den Nutzungszeiten. Auf der Basis des simulierten Kühlleistungsbedarfes lässt sich nachfolgend die Effizienz des CDC-Systems sowie der erforderliche Zuluft- bzw. Umluftvolumenstrom ermitteln.

Die nachfolgenden Graphiken 70 und 71 zeigen den Kühlleistungsbedarf der Zonen 9 und 17, der aufgewendet werden muss, um die zuvor ermittelten Maximaltemperaturen einzuhalten.

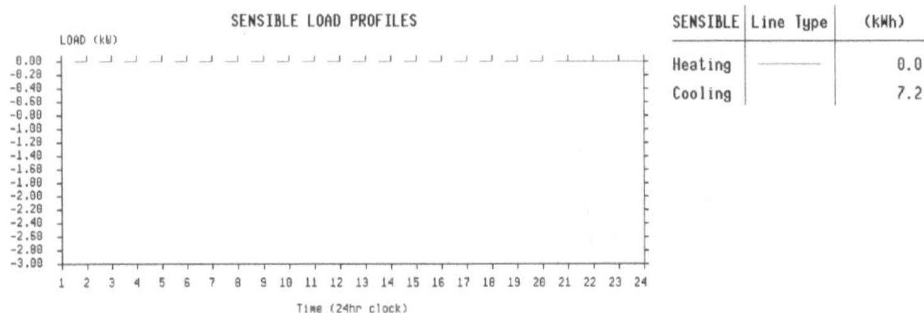

Abbildung 70: Simulierter Verlauf der benötigten Kühllast unter veränderten Bedingungen in Zone 9 nach Variante 7 sowie einer Maximaltemperatur der Zone, die der optimalen Raumtemperatur entspricht [A; B; 24, S.103].

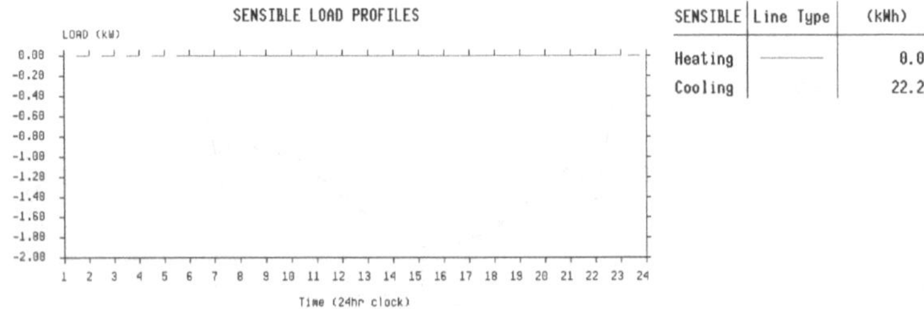

Abbildung 71: Simulierter Verlauf der benötigten Kühllast unter veränderten Bedingungen in Zone 17 nach Variante 7 sowie einer Maximaltemperatur der Zone, die der optimalen Raumtemperatur entspricht [A; B; 24, S.103].

11 Effizienz des entwickelten neuartigen solarthermischen Klimatisierungssystems

Wie in Kapitel 9.2 dargelegt, besteht eine direkte Relation zwischen der Leistungsfähigkeit des CDC-Systems und den mesoklimatischen Standortfaktoren. Insbesondere hängt eine mögliche Abkühlung des Kühlluftvolumenstroms über einen Wärmetauscher von der Außenlufttemperatur des Standortes ab. Bei einer angenommenen Außenlufttemperatur von t_{AL} = 40 °C und einem Wärmetauscherwirkungsgrad von η_{WT} = 80 % zeigte sich, dass eine Abkühlung des systemintegrierten Kühlluftvolumenstroms bis auf ca. T_{ProzL} = 42 °C möglich ist, wobei lediglich eine Temperatur von t_{ProzL} = 43,7 °C erzielt werden muss. Die nachgeschaltete Abkühlung des Kühlluftvolumenstroms einer Temperatur von t_{ProzL} = 43,7 °C auf t_{ProzL} = 23 °C erfolgt innerhalb des CDC-Systems über eine adiabate Verdunstungskühlung von Prozesswasser. Die Leistungsfähigkeit des zweiten Abkühlungsprozesses wird somit von der Prozesswassertemperatur beeinflusst.

Es wird die Annahme getroffen, dass der Prozesswasserspeicher ebenso wie die Außenluftwärmetauscher des CDC-Systems nicht im Gebäudeinnenraum angeordnet ist. Der Prozesswasserspeicher wird im Abluftschacht des Windcatchers integriert, da der Speicher im Vergleich zum Baumaterial des Windcatchers über ein höheres Wärmespeichervermögen verfügt. Auf diese kann ein Wärmeverlust des Speichers die Ausbildung einer negativen Druckdifferenz zwischen dem Fortluftvolumenstrom und der Umgebungsluft zeitweise begünstigen. D.h., die Abwärme des Prozesswasserspeichers kann auf dem Funktionsprinzip eines „Solar-Chimney" geringfügig zur Entlastung der Abluftventilatoren beitragen. Die Installation des CDC-Systems soll unterhalb des Turmschaftes erfolgen.

11.1 Simulation der Prozesswassertemperatur

Bei der Wassereinspeisung im Befeuchter des CDC-Systems muss davon ausgegangen werden, dass die Systemwassertemperatur vor der Einspeisung in den Befeuchter nicht der Kühlluftvolumenstromtemperatur, sondern der Schattenlufttemperatur des Außenraumes entspricht. Das bedeutet, dass sich die Verdunstungsenthalpie des Systemwassers in Relation zur Umgebungstemperatur ändert. Um einen Liter Wasser bei einem angenommenen Normaldruck von P = 1013,25 hPa um T_{td} = 1 K zu erwärmen, wird ein Energiebedarf von Q = 1 kcal/kg[96] benötigt, was ca. Q = 4,19 kJ/kg entsprechen. Um einen Liter Wasser einer Temperatur von t = 100 °C zu verdampfen, werden bei gleichbleibenden Druckverhältnissen Q = 539 kcal/kg, also ca. Q = 2256,7 kJ/kg benötigt. D.h., dass für die vollständige Verdampfung von m = 1 L Wasser einer Temperatur von t_h = 40 °C eine Energiemenge von Q = 60 kcal/kg benötigt wird, um den Siedepunkt zu erreichen und weiteren Q = 539 kcal/kg um den Phasenwechsel zu vollziehen. Die gesamte benötigte Energiemenge entspricht somit in etwa Q = 2507.89 kJ/kg bzw. ca. Q = 0,697 kW/kg.

Da Wasser im Vergleich zu Luft eine relativ hohe Wärmespeicherzahl aufweist, kann nicht davon ausgegangen werden, dass die Temperaturen des außenliegenden Prozesswassertankes und der Außenluft identisch sind. Die nachfolgende Abbildung zeigt eine exemplarische Simulation dieses Zusammenhangs für den Tag d = 175 [24, S.105].

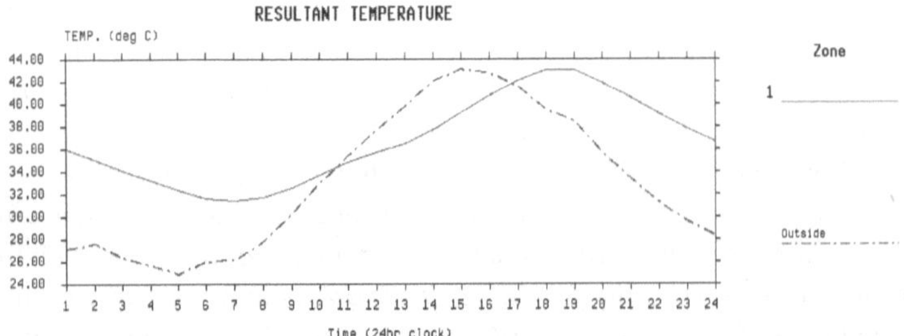

Abbildung 72: Durchschnittliche Wassertemperaturen in einem im Windcatcher integrierten Prozesswassertank [A; B; 24, S.105].

Da sich die Temperatur des Prozesswassers[97] in Abhängigkeit zur Außenlufttemperatur ändert, variiert in Abhängigkeit zur Prozesswassertemperatur auch die spezifische Verdampfungsenthalpie des Prozesswassers. Es zeigt sich, dass temperaturbedingte Schwankungen der Verdunstungsenthalpie vernachlässigbar gering sind, da der größte Teil der benötigten Energie für den Phasenwechsel (latente Energie) des Wassers aufgebracht wird. In der vorliegenden Ausarbeitung wird deshalb ausgehend von einer Prozesswassertemperatur von

[96] Der Gebrauch der Einheit Kalorie ist nicht mehr üblich, die Einheit wird genutz genutzt, da sie zu einem einfacheren Verständnis beiträgt. Hierbei entspricht 1 kcal ≈ 4,186 kJ.

[97] Graphik 72: Detaillierte Datensätze finden sich im Anhang.

t_{ProzW} = 40,0 °C mit einer spezifischen Enthalpie von H_{ProzW} = 599 kcal/kg gerechnet. Am Tag d = 175 liegt die spezifische Enthalpie zwischen folgenden Werten:

$$t_{ProzW} = 31{,}4\ °C \longrightarrow H_{ProzW} = 608\ kcal$$
$$t_{ProzW} = 43{,}0\ °C \longrightarrow H_{ProzW} = 596\ kcal$$

t_{ProzW} = Prozesswassertemperatur H_{ProzW} = spez. Verdunstungsenthalpie

Es zeigt sich, dass temperaturbedingte Schwankungen der Verdunstungsenthalpie vernachlässigbar gering sind, da der größte Teil der benötigten Energie für den Phasenwechsel des Wassers aufgebracht wird. In der vorliegenden Ausarbeitung wird deshalb ausgehend von einer Prozesswassertemperatur von t_{ProzW} = 40,0 °C mit einer spezifischen Enthalpie von H_{ProzW} = 599 kcal/kg gerechnet.

11.2 Berechnung der spezifischen Kühlleistung

Im Falle der Nutzung des entwickelten CDC-Sytems kann keine direkte Umrechnung der berechneten Kühllasten aus Tab. 8 (s. Kap. 10.2) in eine zu verdunstende Prozesswassermenge erfolgen, da sich der Kühlprozess eines Innenraumes bei dem entwickelten System aus zwei einzelnen Kühlprozessen und einem Außen- und Umluftbetrieb zusammensetzt.

Im Falle eines Außenluftbetriebes wird ein Teil der Kühllast durch das CDC-System abgedeckt, indem Abluft indirekt im Gegenstrom an der Zuluft vorbeigeführt wird. Der verbleibende Teil der Kühllast wird abgedeckt, indem Prozesswasser im Kühlluftvolumenstrom verdunstet und der adiabat abgekühlte Kühlluftvolumenstrom nachfolgend indirekt am bereits vorkonditionierten Zuluftvolumenstrom vorbeigeführt wird. Sofern das System im Umluftbetrieb arbeitet, entfällt der erstgenannte Abkühlungsprozess. D.h., Umluft wird lediglich abgekühlt, indem ein Umluftvolumenstrom am adiabat abgekühlten Prozessluftvolumenstrom vorbeigeführt wird.

Um das Klimatisierungssystem am Standort effizient einzusetzen, muss geprüft werden, ob es sinnvoll ist, den Grossteil der Kühllast über einen Umluftbetrieb abzudecken und nur den erforderlichen Luftwechsel aufrecht zu erhalten oder ob ein reiner Außenluftbetrieb von Vorteil ist. Um dies zu prüfen, muss die er-

forderliche Luftwechselzahl festgelegt werden. Die Festlegung der Luftwechselzahl kann, wie bereits erläutert, über unterschiedliche Verfahren erfolgen.
Im vorliegenden Fall erfolgt die Auslegung der Lüftungsraten auf einem Gebäude- und Personenkomponenten bezogenen Verfahren nach DIN EN 15251[98]
Die aufgrund von Gebäudeundichtigkeiten basierende Lüftungsrate von $n = 4h^{-1}$ bleibt bei der Berechnung der Lüftungsrate unberücksichtigt.

$$q_{tot} = n * q_p + A * q_B$$
$$q_{tot} = 3 * 7\ l/s + 11{,}84\ m^2 * 0{,}7\ l/s$$ [99]
$$q_{tot} = 29{,}29\ l/s$$
$$q_{tot} = 29{,}29\ l/s * 3600\ s$$
$$q_{tot} = 105{,}44\ m^3/h$$

$q_{tot\,t}$= Gesamtlüftungsrate (l/s)
n = erforderlicher Luftwechsel (-)
q_p = Raumbelegungszahl (pers.)
A = Grundfläche (m²)
q_B= Gebäudeemissionsbez. Lüftungsrate (l/s)

Die Belegungszahl von ca. 3 Personen führt bei geringen Schadstoffemissionen und einer Grundfläche des Salons von A_{Z17} = 11,84 m² zu einer erforderlichen Gesamtlüftungsrate des Raumes von ca. q_{tot} = 105,44 m³/h. Die erforderliche Lüftungsrate wird bei einem Raumvolumen von V_{Z17} = 33,21 m³ in Form eines 3fachen Luftwechsels umgesetzt.

Die Darstellung erfolgt für Zone 17 (Salon) des Tages d = 175 um t_h = 13 h. Als rechnerisch vertretbare Annäherung wird die Zulufttemperatur mit T_{AL} = 40 °C (TMY-Wert entspricht T_{AL} = 39,8 °C) angesetzt. Die aufzubringende Kühlleistung des Raumes beträgt Q = 1,57 kW bzw. Q = 5652,0 kJ. Das Raumvolumen entspricht V_{Z17} = 33,21 m³. Die resultierende Kühllast pro Kubikmeter Raumvolumen beträgt demnach Q_{Z17} = 170,19 kJ/m³. Die Dichte der Innenraumluft kann bei t_o = 28 °C mit ρ_L = 1,17 kg/m³ [100] angenommen werden.

[98] DIN EN 15251: Eingangsparameter für das Raumklima zur Auslegung und Bewertung der Energieeffizienz von Gebäuden - Raumluftqualität, Temperatur, Licht und Akustik.

[99] 7 l/s/pers. und 0,7 l/s/m²: Auslegungswerte für Kategorie II (-0,5 < PMV > + 0,5) und schadstoffarme Gebäude nach DIN EN 15251.

[100] Die Werte der Luftdichte (ρ_L) wurden linear interpoliert. Grundwerte wurden einer Tabelle von Prof. Dr.-Ing. Beer, Vorlesung Thermodynamik II, Fachgebiet Technische Thermodynamik, Technische Hochschule Darmstadt TUD, 1992 entnommen.

Dies bedeutet, dass ein 1 kg Luft einem Volumen von ca. $V = 0{,}85\ m^3$ entspricht und die Kühllast eines Kilogramms Raumluft $Q_{Z17} = 144{,}66$ kJ/kg beträgt.
Da in Wohngebäuden der arid-heißen Zonen typischerweise Wasserverdunster zum Einsatz kommen, werden diese bei der Berechnung der aufzubringenden Kühlleistung von $Q_{Z17} = 144{,}66$ kJ/kg Berücksichtigung finden.

$$t_{AL} = 25{,}5\ °C;\ \varphi_{ZuL} = 27{,}1\ \% \longrightarrow t_{AbL} = 28\ °C;\ \varphi_{ZuL} = 40\ \%$$
$$t_{AL} = 25{,}5\ °C;\ \rho_w = 5{,}48\ g/kg \longrightarrow t_{AbL} = 28\ °C;\ \rho_w = 9{,}42\ g/kg$$

Die vorkonditionierte Außenluft weist, wie in Kapitel 9.2 (Abb. 46) dargelegt wurde, eine Temperatur von $t_{AL} = 25{,}5$ °C und eine relative Feuchte von $\varphi_{ZuL} = 27{,}1$ % auf. Die aus der optimalen Temperatur resultierende Ablufttemperatur wird mit $t_{AbL} = 28$ °C und einer relativen Feuchte von $\varphi_{ZuL} = 40$ % angenommen. Aus diesen Annahmen ergibt sich, dass der Raumluft pro Stunde ca. $m = 3{,}94$ g Wasser pro kg Luft durch Verdunstungsprozesse zugeführt werden. Die latente Wasserdampfabgabe durch Personen soll in diesem Fall unberücksichtigt bleiben. Ausgehend von einer Innenraumtemperatur von $T_o = 28$ °C können pro verdunstetem Liter Wasser ca. $Q = 611$ kcal bzw. $Q = 2558{,}13$ kJ/kg als anrechenbare Kühlleistung angesetzt werden. Diese Menge entspricht bei einer Verdunstungsrate von $m = 3{,}94$ g/kg einer Verdampfungsenthalpie von $Q = 10{,}08$ kJ/kg, wodurch sich die Kühllast des Innenraums durch interne adiabate Verdunstungsprozesse von $Q_{Z17} = 144{,}66$ kJ/kg auf $Q_{Z17} = 134{,}58$ kJ/kg reduziert.

Der Abkühlungsprozess des Gebäudeinnenraumes kann sich, wie bereits erläutert, aus einem Außenluft- und einem Umluftbetrieb des CDC-Systems zusammensetzen. Die einzelnen Abkühlungsprozesse können durch die Enthalpien[101] der Prozessluftzustände dargestellt werden.

[101] Die Enthalpien einzelner Luftzustände sind einer Computer-Software [G] zur Darstellung von Prozessen im Mollier-H-x Diagramm entnommen.

11.2.1 Klimatisierungssystem im Außenluft- und Umluftbetrieb

Sofern die Annahme getroffen wird, dass lediglich die erforderliche Außenluftmenge zugeführt wird und der verbleibende Kühlleistungsbedarf durch eine Umluftkühlung gedeckt wird, stellt sich folgende Situation dar:

t_{AL} = 40,0 °C; φ_{AL} = 12 % ⟶ t_{ZuL} = 30,4 °C; φ_{ZuL} = 20,4 %
t_{AL} = 40,0 °C; H_{AL} = 54,5 kJ/kg ⟶ t_{ZuL} = 30,4 °C; H_{ZuL} = 44,7 kJ/kg

Durch den ersten Abkühlungsprozess kann Zuluft mit einer Temperatur von t_{AL} = 40,0 °C auf t_{ZuL} = 30,4 °C abgekühlt werden. Die Enthalpie des Zuluftvolumenstroms verringert sich dadurch von H_{AL} = 54,5 kJ/kg auf H_{AL} = 44,7 kJ/kg um ΔH = 9,8 kJ/kg.

t_{ZuL} = 30,4 °C; φ_{ZuL} = 20,4 % ⟶ t_{ZuL} = 25,5 °C; φ_{ZuL} = 27,1 %
t_{ZuL} = 30,4 °C; H_{ZuL} = 44,7 kJ/kg ⟶ t_{ZuL} = 25,5 °C; H_{ZuL} = 39,7 kJ/kg

Der zweite Abkühlungsprozess der Zuluft führt zum Erreichen der geforderten Zulufttemperatur von t_{ZuL} = 25,5 °C, wodurch sich die spezifische Enthalpie der Zuluft um weitere ΔH = 5 kJ/kg auf H_{ZuL} = 39,7 kJ/kg reduziert.

Abluftvolumenstrom H_{AL} = x +

t_{AL} = 40,0 °C; H_{AL} = 54,5 kJ/kg ⟶ t_{ZuL} = 25,5 °C; H_{ZuL} = 39,7 kJ/kg

Kühlluftvolumenstrom H_{ProzL} = x + 5 kJ/kg

Der spezifische Zustand der Zuluft muss im weiteren in Relation zum spezifischen Zustand der Innenraumluft gesetzt werden, da die Zuluft im Austausch zur Abluft in den Innenraum eingebracht wurde. Die Abluft kann mit etwa $t_{AbL} = 29{,}5$ °C angenommen werden, da davon auszugehen ist, dass sich innerhalb des Raumes eine thermische Schichtung der Innenraumluft (Absaugung unterhalb der Decke) ausbilden wird. Aufgrund der Erwärmung der Innenraumluft von $t_o = 28$ °C auf $t_{AbL} = 29{,}5$ °C sinkt die relative Feuchte der Luft von $\varphi_o = 40$ % auf $\varphi_{AbL} = 36{,}7$ % ab.

$t_{AbL} = 29{,}5$ °C; $\varphi_{ZuL} = 36{,}7$ % ⟷ $t_{ZuL} = 25{,}5$ °C; $\varphi_{ZuL} = 27{,}1$ %

$t_{AbL} = 29{,}5$ °C; $H_{ZuL} = 53{,}9$ kJ/kg ⟷ $t_{ZuL} = 25{,}5$ °C; $H_{ZuL} = 39{,}7$ kJ/kg

Der Unterschied der spezifischen Enthalpien zwischen der Zuluft und der Abluft liegt bei $\Delta H = 14{,}2$ kJ/kg. Unter Berücksichtigung der spezifischen Luftdichte kann in der Folge eines 3fachen Luftwechsels eine Energiemenge von 3 ∗ 14,2 kJ/kg ∗ 1,17 kg/m³ h abgeführt werden, was $Q = 49{,}84$ kJ/kg h entspricht.

Die verbleibende Kühllast von $Q = 84{,}74$ kJ/kg soll durch den Umluftbetrieb des Systems abgedeckt werden. Dieser Prozess stellt sich wie folgt dar:

$t_{ZuL} = 29{,}5$ °C ⟶ $t_{ZuL} = 24{,}3$ °C

$t_{ProzL} = 28{,}9$ °C ⟵ $t_{ProzL} = 23{,}0$ °C

Die Zulufttemperatur des CDC-Systems kann bei Umluftbetrieb mit etwa $t_{AbL} = 29{,}5$ °C angenommen werden. Der Wärmetauscher verfügt über einen Wirkungsgrad von $\eta_{WT} = 80$ %. Die Prozesslufttemperatur steigt innerhalb des Systems von $t_{ProzL} = 23{,}0$ °C auf $t_{ProzL} = 28{,}9$ °C an. Im Umluftbetrieb kann die Raumluft von $t_{AbL} = 29{,}5$ °C auf $t_{ZuL} = 24{,}3$ °C abgekühlt werden. Die daraus resultierende, spezifische Reduktion der Kühllast wird wie zuvor über die Enthalpien der Luftzustände beschrieben. Die Umwälzung von 1 kg Raumluft im Umluftmodus führt zu einer Reduktion der spezifischen Kühllast um $Q = 5{,}4$ kJ/kg. Um die verbleibende Kühllast von etwa $Q = 84{,}74$ kJ/kg abzudecken und den geforderten Raumluftzustand von $t_o = 28$ °C aufrecht zu erhalten, muss jedes kg

Innenraumluft ca. 15,7mal durch das CDC-System geführt werden. Da ein 1 m³ Raumluft bei einer Temperatur von $t_o = 28$ °C ca. $m = 1{,}17$ kg/m³ entspricht, bedeutet dies, dass die Erhaltung des optimalen Raumluftzustandes einen ca. 13,4fachen Umluftwechsel bedingt.

t_{AbL} = 29,5 °C; φ_{ZuL} = 36,7 % ⟶ t_{ZuL} = 24,3 °C; φ_{ZuL} = 49,8 %
t_{AbL} = 29,5 °C; H_{ZuL} = 53,9 kJ/kg ⟶ t_{ZuL} = 24,3 °C; H_{ZuL} = 48,5 kJ/kg

11.2.2 Vergleich von Außenluft- und Umluftbetrieb

Die Berechnungen in Kap. 11.2.1 zeigen, dass der Umluftbetrieb im vorliegenden Falle weniger effizient als der Außenluftbetrieb ist. Ursache dieses untypischen Effektes sind die deutlichen Unterschiede der Enthalpien zwischen der Zu- und der Abluft, die aus den unterschiedlichen Feuchtegehalten der Luft resultieren und sich nahezu proportional zu diesen verhalten.

Wie aus nachfolgenden Abbildungen hervorgeht, sind die Zulufttemperaturen bei Umluft- und Zuluftbetrieb mit t_{ZL} = 24,3 °C und t_{ZL} = 25,5 °C relativ ähnlich. Die Enthalpie der gekühlten Außenluft, die wiederum in Form von Zuluft in den Innenraum eingebracht wird, liegt aufgrund des deutlich niedrigeren Wasserdampfgehaltes mit H_{ZuL} = 39,7 kJ/kg deutlich unterhalb der Enthalpie der Zuluft, die bei der Kühlung von Raumluft (H_{ZuL} = 48,5 kJ/kg) entsteht. Bei einem Vergleich beider Varianten ist davon auszugehen, dass in beiden Fällen identische Ablufttemperaturen und gleiche relative Feuchtigkeitswerte der unterschiedlichen Abluftvolumenströme vorliegen. Es wird somit deutlich, dass bei den vorhandenen Außenluftbedingungen mit einem höheren Außenluftanteil mehr Energie pro kg bewegter Raumluft abgeführt werden kann, als im Umluftbetrieb der Anlage. Ein reiner Außenluftbetrieb führt deshalb zu niedrigeren Luftwechselzahlen und ist demnach deutlich energieeffizienter als ein Umluftbetrieb. Im Falle wechselnder Außenluftbedingungen kann sich diese Relation jedoch ändern.

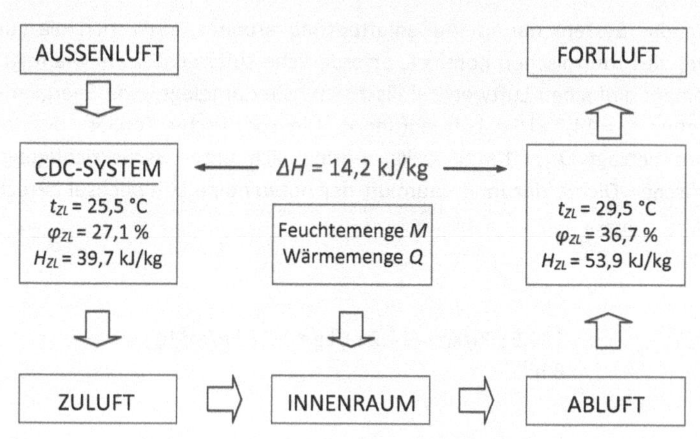

Abbildung 73: CDC-System im Zuluftbetrieb (Annahmen der Gebäudenutzung: Zone 17, Planungsgebiet Assuan)

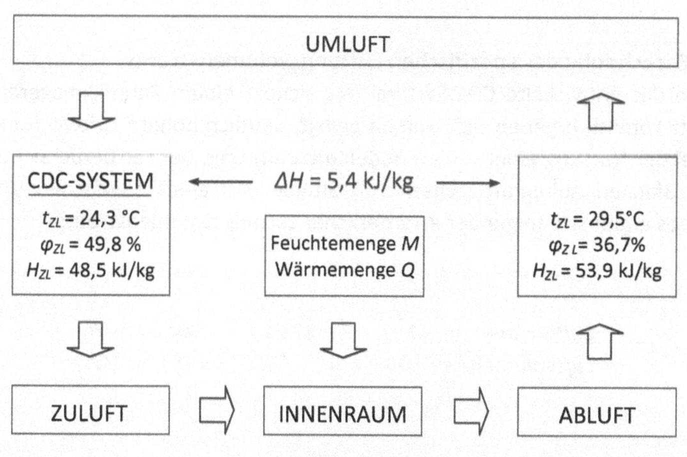

Abbildung 74: : CDC-System im Umluftbetrieb (Annahmen der Gebäudenutzung: Zone 17, Planungsgebiet Assuan)

11.2.3 Außenluftbetrieb des solarthermischen Klimatisierungssystems

Sofern das System nur im Außenluftbetrieb arbeitet, stellt sich die zur Erhaltung des thermischen Komforts erforderliche Luftwechselzahl wie folgt dar: Mit einem einfachen Luftwechsel lässt sich, wie dargelegt, eine Energiemenge von etwa Q = 14,2 kJ/kg Luft abführen. Die spezifische Kühllast des Innenraumes beträgt Q_{Z17} = 134,58 kJ/kg, woraus sich unter Berücksichtigung der spezifischen Dichte der Innenraumluft der notwendige Luftwechsel berechnen lässt:

$$n = 134{,}58 \text{ kJ/kg} / (14{,}2 \text{ kJ/kg} * 1{,}17 \text{ kg/m}^3 \text{ h})$$
$$n \approx 8 \text{ h}^{-1}$$

Im Unterschied zu einem Mischbetrieb von Außenluft und Umluft, bei dem die erforderliche Frischluft über eine Außenluftkühlung und der verbleibende Teil der Kühlleistung über eine Umluftkühlung bereitgestellt wird, kann der erforderliche Luftwechsel bei einem reinen Außenluftbetrieb von n = 13,4 h^{-1} auf n = 8 h^{-1} gesenkt werden.

11.3 Berechnung des spezifischen Lüftungsvolumenstroms

Sofern das entwickelte CDC-System vergleichbar einem Raumklimagerät zum Einsatz kommt, ergeben sich, wie dargelegt, deutlich höhere Luftwechselraten als bei der Nutzung einer reinen Außenluftzuführung. Bei der Berücksichtigung eines 3fachen Außenluftwechsels pro Stunde und eines 13,4fachen Umluftbetriebs ergibt sich folgender erforderlicher Lüftungsvolumenstrom:

$$\textit{Luftvolumen/ h:} \quad 13{,}4 + 3 * 33{,}21 \text{ m}^3 = 544{,}64 \text{ m}^3/\text{h}$$
$$\textit{Luftvolumen/ s:} \quad 544{,}64 \text{ m}^3/\text{h} / 3600 \text{ s} = 0{,}15 \text{m}^3/\text{s}$$

Aus dem Lüftungsvolumenstrom lässt sich unter der Berücksichtigung einer maximalen Zuluftgeschwindigkeit von V_h = 0,35 m/s der freie Querschnitt eines eventuell benötigten Zuluftkanals ermitteln. Bei Vernachlässigung aller reibungsbedingten Druckverluste wird bei einer Zuluftvolumenstromgeschwindigkeit von V_h = 0,35 m/s eine lichte Querschnittsfläche des Zuluftkanals von ca. A = 0,4 m² benötigt.

$$A = 0{,}15\ m^3/s : 0{,}35\ m/s$$
$$A \approx 0{,}42\ m^2$$

Sofern geringere Kanalquerschnitte zum Einsatz kommen sollen, muss mit erhöhten Luftgeschwindigkeiten gerechnet werden. Zuluftgeschwindigkeiten, die oberhalb von V_h = 0,35 m/s liegen, sind bei Klimasplitt- oder Raumklimageräten durchaus üblich, so dass diese auch im Falle einer Umluftnutzung des CDC-Systems akzeptiert werden könnten. Sofern das CDC-System im reinen Außenluftbetrieb genutzt wird, ist mit folgendem Lüftungsvolumenstrom zu rechnen:

Luftvolumen/h: 8 ∗ 33,21 m³= 265,68 m³/h
Luftvolumen/s: 265,68 m³/h : 3600 s= 0,074 m³/s

Der im Falle einer zentralen Systemnutzung benötigte Zuluftkanal müsste allein für die Zuluftführung des Salons folgende Dimensionen aufweisen:

$$A = 0{,}074\ m^3/s : 0{,}35\ m/s$$
$$A \approx 0{,}21\ m^2$$

Sofern alle reibungsbedingten Druckverluste vernachlässigt werden, muss der Zuluftkanal des Salons bei einer Zuluftvolumenstromgeschwindigkeit von V_h = 0,35 m/s eine lichte Querschnittsfläche von ca. A = 0,2 m² aufweisen.

11.4 Nachweis der spezifisch erzielbaren Kühlleistung

Allgemein stellt sich die Frage, ob eine Temperatursenkung auf die optimale Raumtemperatur vollständig über die entwickelte CDC-Technologie abgedeckt werden kann, da eine Temperaturminderung der Zuluft lediglich bis zur Feuchttemperatur möglich ist. Die nachfolgende Tabelle stellt exemplarische Feuchttemperaturen der Außenluft für den berechneten Tag d = 175 in Relation zu den notwendigen Zulufttemperaturen und den dazu in Relation stehenden optimalen Temperaturen [D; 24, S.107]:

t_h	t_{AL}	φ_{AL}	t_{FT}	t_{ZuL}	t_o
7 h	26,2 °C	20 %	13,3 °C	23,6°C	25,8 °C
12 h	37,7 °C	11 %	17,7 °C	24,6°C	28,0 °C
16 h	42,8 °C	10 %	20,2 °C	24,8°C	28,0 °C
20 h	35,7 °C	12 %	16,9 °C	24,4°C	28,0 °C
24 h	28,3 °C	19 %	14,4 °C	24,0°C	26,5 °C

Tabelle 9: Feuchttemperaturen, Zulufttemperaturen und optimale Temperaturen in Abhängigkeit zu Außenlufttemperaturen und relativer Außenluftfeuchte zu relevanten Uhrzeiten [D; 24, S.107].

Es zeigt sich, dass eine Abkühlung des Zuluftvolumenstroms über das CDC-System bis zur notwendigen Temperatur möglich ist, ohne das unerwünschtes Kondensat im Zuluftkanal oder im System entsteht, da die erforderliche Zulufttemperatur immer deutlich oberhalb der Feuchttemperatur liegt [D; 24, S.107]. Desweiteren wird ersichtlich, dass die Effizienz des CDC-Systems in jedem Fall an die Temperatur des Kühlluftvolumenstroms gekoppelt ist. D.h., dass bei gleichbleibender Feuchttemperatur des Prozessluftvolumenstroms in Kombination mit fallenden Außenlufttemperaturen mit einem Rückgang der Effizienz zu rechnen ist. Dieser Effekt kann nur unterbunden werden, indem die Prozesslufttemperatur, bei der eine 90%ige Sättigung der Prozessluft vorliegen soll, in Abhängigkeit zur Außentemperatur gesteuert wird. Eine solche in Relation zu den schwankenden Maximaltemperaturen stehende Anpassung des absoluten Wassergehalts der Prozessluft kann über eine Steuerungstechnik erfolgen, welche die Wasserabgabe innerhalb des Prozessluftbefeuchters regelt. Nachfolgende Abbildung zeigt exemplarisch die Anpassung des absoluten Feuchtegehalts in Relation zur Temperatur des Prozessluftvolumenstroms für die exemplarischen Außentemperaturen t_{AL} = 40 °C, t_{AL} = 35 °C und t_{AL} = 30 °C. Eine Anpassung des absoluten Feuchtegehalts ist notwendig, um bei gleichbleibender

Sättigung der Prozessluft einen entsprechenden Temperaturunterschied zwischen der befeuchteten Prozessluft und der Außenluft zu gewährleisten. Ebenfalls kann Abb. 75 eine qualitative Entwicklung der spezifischen Zuluftzustände entnommen werden. Die Entwicklung der Zulufttemperaturen erfolgt wie zuvor unter der Annahme, dass die Ablufttemperaturen den optimalen Temperaturen nach *Auliciemes* entsprechen.

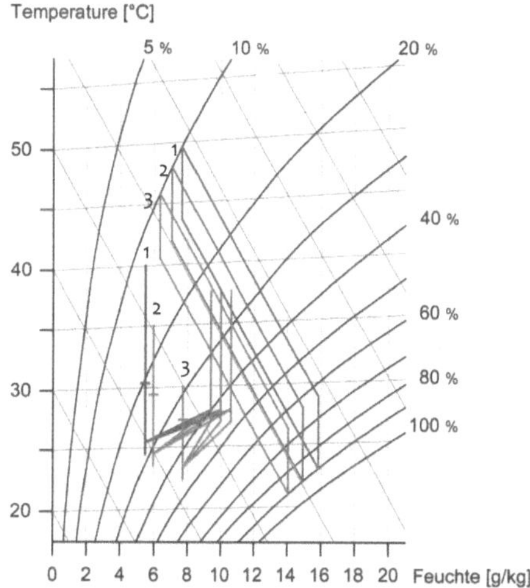

1 : t_{AL} = 40 °C; t_o = 28 °C
2 : t_{AL} = 35 °C; t_o = 28 °C
3 : t_{AL} = 30 °C; t_o = 27 °C

Abbildung 75: Anpassung des absoluten Feuchtigkeitsgehalts der Prozessluft in Abhängigkeit zur Außentemperatur (Qualitative Darstellung für t_{AL} = 40°C, t_{AL} = 35 °C und t_{AL} = 30 °C; Der Prozess Der Feuchtigkeitszunahme der Innenraumluft und der Lufttemperaturerhöhung des Innenraumes wurden innerhalb des Diagramms separat dargestellt).

Die nachfolgenden Abbildungen zeigen den Verlauf der Lufttemperatur und der mittleren Strahlungstemperatur für die Zonen 9 und 17, unter der Maßgabe, dass die vorhandene Wärmelast durch das CDC-System abgeführt wird [A; B; 24, S.108]. Die Simulationen zeigen, dass die angesetzten Lufttemperaturen in einer ersten Einschätzung als quantitativ optimal angesehen werden können. Die aus Luft- und Strahlungstemperatur entstehenden resultierenden Temperaturen müssen jedoch als zu hoch bewertet werden. Eine quantitative Kompensation der erhöhten Strahlungstemperatur könnte bei gleichbleibender Zulufttemperatur z.B. über die Erhöhung der Luftwechselrate erzielt werden.

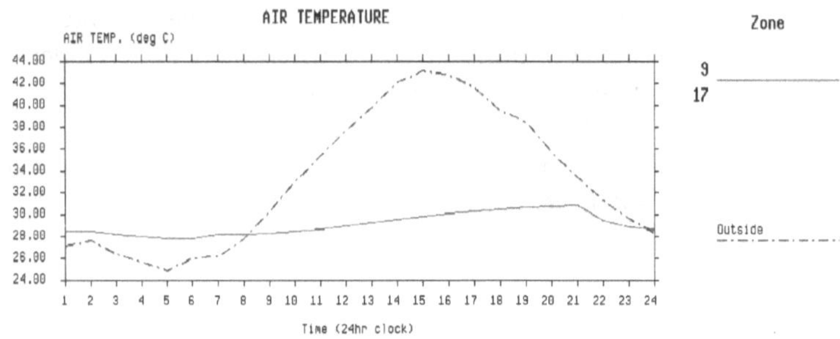

Abbildung 76: Simulierter Verlauf der Lufttemp. in Zone 9 und 17 unter Anwendung des CDC-Systems [A; B; 24, S.108]

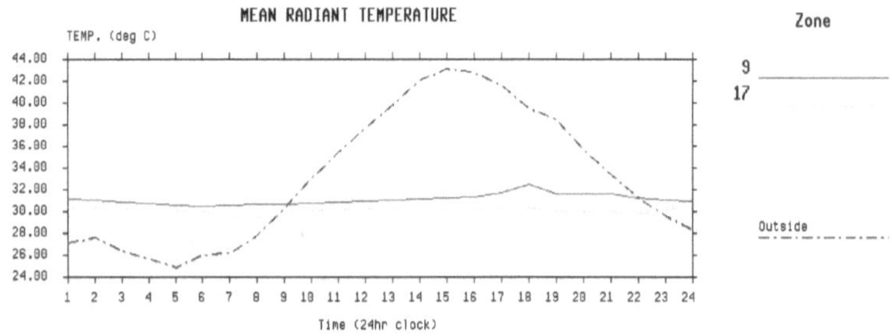

Abbildung 77: Simulierter Verlauf der mittleren Strahlungstemperatur in Zone 9 und 17 unter Anwendung des CDC-Systems [A; B; 24, S.108]

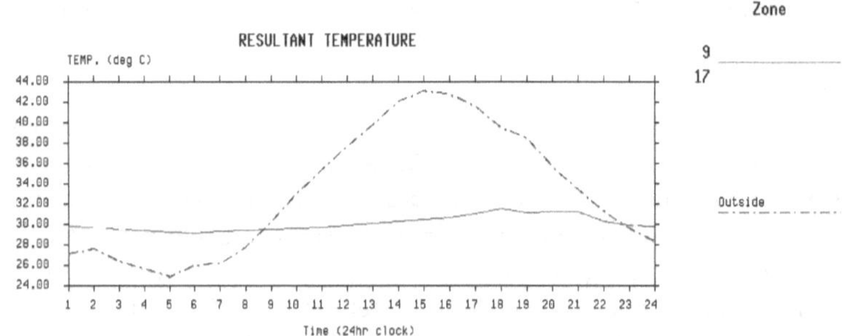

Abbildung 78: Simulierter Verlauf der resultierenden Temperatur in Zone 9 und 17 unter Anwendung des CDC-Systems [A; B; 24, S.108]

12 Nachweise der thermischen Innenraumkühlung

Eine qualitative Beurteilung der tatsächlich empfundenen Temperaturen kann nur unter Berücksichtigung des Metabolismus, der Bekleidungsrate und der Luftgeschwindigkeit erfolgen. Aufgrund dessen, soll innerhalb des Nachweisverfahrens zusätzlich neben den thermisch-dynamischen Nachweisverfahren eine zweidimensionale CFD-Simulation zum Einsatz kommen.

12.1 Nachweis durch CFD-Simulationen

Es wird wiederum von einer Zuluftgeschwindigkeit von V_h = 0,30 - 0,35 m/s ausgegangen. Innerhalb der CFD-Simulation[102] wird die Annahme getroffen, dass Zuluft im Wandbereich oberhalb des Fußbodens eingebracht und Abluft unterhalb der Decke abgesaugt wird. Die nachfolgenden Graphiken zeigen die zweidimensionalen CFD-Simulationen für die Luft-, die Strahlungs- und die resultierende Temperatur. Die Randbedingungen in Form von Oberflächentemperaturen wurden den Simulationen der vorherigen Kapitel entnommen [C; D; 24, S.109].

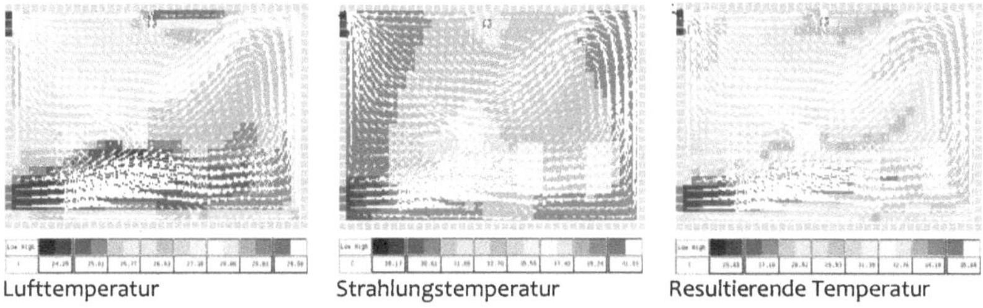

Abbildung 32: CFD-Simulation Zone 17 (16 h), Zuluftgeschwindigkeit V_h = 0,35 m/s [C; D; 24, S.109].

Exemplarische CFD-Analysen[103] für Zone 17 zeigen, dass bei einer Zuluftgeschwindigkeit von V_h = 0,35 m/s davon ausgegangen werden kann, dass eine Zulufttemperatur von ca. t_{ZuL} = 24 °C ausreichend ist, um eine resultierende optimale Temperatur von etwa t_o = 28 °C zu erzielen.

[102] CFD-Simulation: Strömungsmechanische Simulation (Computational fluid dynamics - englisch)

[103] Die Simulationen erfolgten mit dem Computerprogramm TAS-Ambiens, einer Spezialsoftware, die Strömungssimulationen in Gebäudeinnenräumen erlaubt.

12.2 Nachweis durch PPD- / PMV-Simulationen

Um den „predicted mean vote" - PMV, bzw. die „predicted percentage of dissatisfied persons" - PPD abzuschätzen, werden die Ergebnisse der Simulationen um Annahmen zu Metabolismus und Bekleidungsniveau ergänzt. Die aus der Zuluftgeschwindigkeit von ca. V_h = 0,35 m/s innerhalb des Raumes in etwa im Mittel resultierende Luftgeschwindigkeit wird mit V_h = 0,19 m/s angesetzt. Eine Berechnung des zu erwartenden PMV / PPD nach Fanger erfolgt mit dem Computertool „Thermal Comfort Meter" [F; 24, S.110]. Folgende Eckdaten wurden berücksichtigt:

- Lufttemperatur im Aufenthaltsbereich: ca. 26 °C
- Mittlere Strahlungstemperatur im Aufenthaltsbereich: ca. 31 °C
- Relative Luftfeuchtigkeit: 40 %
- Metabolismus: 58 kcal/h/m²
- Bekleidungsniveau: 0,25 clo
- Luftgeschwindigkeit: 0,19 m/s

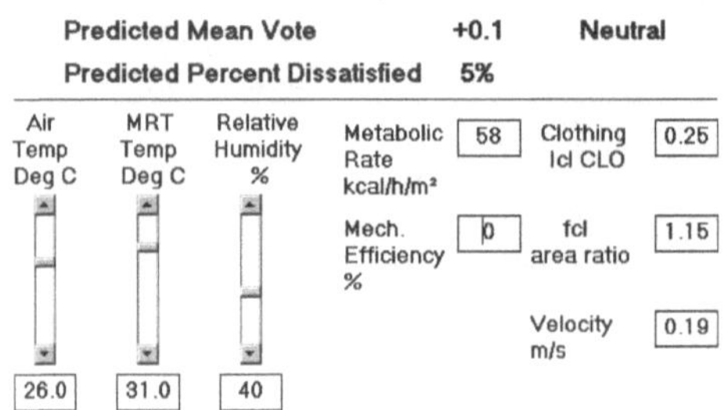

Abbildung 80: PMV / PPD[104] nach Fanger [F; 24,S.110].

Aus Abbildung 80 wird deutlich, dass die gewählten Raumluftzustände zu einem „Predicted Mean Vote" - PMV von +0,1 führen. Der thermische Komfort wird nach Fanger als neutral eingestuft. Dies bedeutet, dass ein Großteil der im Raum befindlichen Personen in leichter Sommerbekleidung und niedrigem

[104] PMV / PPD: Die Berechnungen erfolgten mit dem Computerprogr.: Thermal Comfort Meter [F]

Metabolismus (z.B. sitzende Tätigkeit) die empfundene Temperatur in Kombination mit einer resultierenden Luftgeschwindigkeit von V_h = 0,19 m/s in der Regel als angenehm empfinden werden.
Nur etwa 5 % der im Innenraum befindlichen Personen werden das thermische Umfeld als nicht befriedigend (PPD), in diesem Fall als etwas zu warm einstufen. Ein PPD von nur 5 % kann als hervorragender Wert gesehen werden.
Es zeigt sich, dass die zuvor erstellten thermisch-dynamischen Simulationen ohne den Einfluss erweiternder Parameter nur eingeschränkt verwertbar sind, da die aus den Abb. 79 und Abb. 80 resultierenden Rückschlüsse einer geringfügig zu hohen Strahlungs- und resultierenden Temperatur keinen Rückschluss auf die Beurteilung durch die Raumnutzer zulassen. D.h., erst eine im Anschluss an eine thermische Simulation erfolgende PPD-/ PMV-Berechnung erlaubt eine qualitative Beurteilung des thermischen Umfeldes im Sinne eines zu erstellenden thermischen Komforts. Da die PPD- / PMV-Berechnungen zeigen, dass eine neutrale Beurteilung des Innenraumklimas vorherrscht, kann folgende Aussage getroffen werden:

Mit dem entwickelten CDC-System ist es unter den gestellten Randbedingungen in Verbindung mit einer natürlichen Gebäudelüftung möglich, einen thermischen Komfort in arid-heißen Zonen zu erstellen. Die Erstellung des thermischen Komforts erfolgt auf innovativstem Wege, auf der Basis von thermischer Solarenergie und ohne Wasserverbrauch. Das entwickelte System löst somit eines der Hauptprobleme, die bei der Klimatisierung von Innenräumen der arid-heißen Regionen auftreten und stellt eine neuartige, besonders nachhaltige und energieeffiziente Alternative zu marktverfügbaren Systemen dar.

13 Vergleichende Beurteilungen des entwickelten Systems

Im Vorfeld der Simulationen wurde von einer relativ undichten Gebäudehülle mit einer daraus resultierenden Fugenlüftungsrate von n = 4h^{-1} ausgegangen. Die sich daraus ergebenden hohen Außenluftinfiltrationen führten, wie sich in den Simulationen zeigte, zu beträchtlichen externen Wärmegewinnen. Die daraus entstehenden Lüftungswärmegewinne liegen deshalb deutlich über den solaren und internen Wärmegewinnen. Im Unterschied zu den getätigten Annahmen hätte bei der Berücksichtigung der in Deutschland gültigen EnEV [105] bei einem Druckunterschied von P = 50 Pa lediglich ein maximaler Luftwechsel von n = 1,5 h^{-1} berücksichtigt werden dürfen. Ohne rechnerischen Nachweis hätten die Simulationen bei einem Bestandsgebäude nach EnEV mit einem Luftwechsel von n = 0,7 h^{-1} erfolgen können, was zu deutlich geringeren Kühllasten und markant niedrigeren Luftwechselzahlen des CDC-Systems geführt hätte.

Als Konsequenz dieser Annahme und den daraus resultierenden Ergebnissen müssen die in der Berechnung relativ hoch ausfallenden Luftwechselraten, bei einer qualitativen Beurteilung des Systems, immer in Relation zur Kühllast und nicht in Relation zur Raumgröße oder zur Raumnutzung gesehen werden.

Wie sich gezeigt hat, kann das entwickelte CDC-System für den exemplarisch betrachteten Fall, unter Ausnutzung von solarer Energie und ohne Wasserverbrauch, zur Erstellung eines thermischen Komforts in Gebäudeinnenräumen der trocken-heißen Gebiete führen. Voraussetzung für den Einsatz des CDC-Systems sind hohe solare Einstrahlungswerte oder vorhandene Abwärmequellen mit entsprechendem Temperaturniveau. Das bei Sorptionskältemaschinen vorhandene Problem der Rückkühlung besteht nicht, ein Einsatz kann im Unterschied zu diesen auch bei hohen Außenlufttemperaturen erfolgen. Das neuentwickelte CDC-System kann insbesondere bei niedrigen und mittleren Lastfällen zum Einsatz kommen. Im Falle hoher Kühllasten müsste neben dem CDC-System eine weitere Kühltechnologie zum Einsatz kommen, um eine andernfalls aus der Kühllast resultierende hohe Innenraumluftgeschwindigkeit zu vermeiden. Wie aus der vorliegenden Ausarbeitung hervorgeht, kann das CDC-System als dezentrales oder zentrales System zum Einsatz kommen. Vergleichbar mit einem Raumklima- oder Klimasplittgerät auf Kompressionsbasis kann ein CDC-System als System mit Außenluftrate oder als reines Umluftsystem eingesetzt werden.

[105] EnEV: Energieeinsparverordnung

13.1 Das entwickelte System im Vergleich zu einem Sorptionskältesystem

Der Einsatz von Ad- bzw. Absorptionskältemaschinen kann in Zonen mit hohen solaren Einstrahlungswerten oder beim Vorhandensein von Abwärmequellen hohen Temperaturniveaus generell in Betracht gezogen werden. Systeme dieser Bauart wurden in der vorliegenden Dissertation jedoch nicht berücksichtigt, da diese Kaltwasser generieren. Eine Nutzung zur Kühlung der Zuluft ist möglich, bedingt jedoch einen hohen zusätzlichen Installationsaufwand.
Allgemein erfordert die Nutzung dieser Systeme eine mögliche Rückkühlung der Anlagen. Im Falle einer trockenen Rückkühlung kann eine maximale Außenlufttemperatur von ca. t_{AL} = 32 °C - 34 °C als mögliche Rückkühltemperatur angesetzt werden. Ein Betrieb der Systeme oberhalb dieser Außentemperaturen ist nur möglich, sofern die Rückkühlung der Ab- oder Adsorptionskältemaschinen über eine adiabate Nasskühlung erfolgt. D.h., der Einsatz der Anlagen erfordert bei Temperaturen von über ca. t_{AL} = 32 °C - 34 °C, wie sie in trocken-heißen Regionen üblich sind, den Einsatz eines Nasskühlturms. Die Nutzung eines Nasskühlturms ist jedoch mit einem nicht unerheblichen Wasserverbrauch verbunden.
Im Vergleich zu einer Sorptionskältemaschine zeichnet sich das entwickelte CDC-System (Desiccant-Cooling System) dadurch aus, dass es keinen Wasserverbrauch aufweist.

13.2 Das entwickelte System im Vergleich zu einem Evaporative-Cooling-Tower

Um mit einem direkten Verdunstungskühlsystem, wie einem Evaporative-Cooling-Tower einen thermischen Komfort gewährleisten zu können, müsste in Zone 17 während des betrachteten Zeitraums eine Wassermenge von ca. m = 1,3 l/h verdunstet werden. Im Vergleich zu einer lediglich über eine indirekte Verdunstung genutzten DEC-Anlage müsste in einem Evaporative-Cooling-Tower eine geringfügig höhere Wassermenge verdunstet werden, da Außenluft mit einer Temperatur von t_{AL} = 40,0 °C und nicht Abluft mit einer Temperatur von ca. t_{AbL} = 29,5 °C auf ca. t_{ZuL} = 25 °C abgekühlt werden müsste. Die Relation des Wasserverbrauchs zwischen einem Evaporative-Cooling-Tower und einer DEC-Anlage ist jedoch vom Wirkungsgrad des Wärmetauschers abhängig und würde sich im Falle eines geringeren Wirkungsgrades zugunsten des Evaporative-Cooling-Tower verschieben.
Eine weitere Problematik der Nutzung eines Evaporative-Cooling-Tower liegt in der Höhe der anstehenden Wärmelast. Eine Bereitstellung der berechneten

Kühlleistung würde bei einem Luftwechsel, wie er bei der Nutzung eines CDC-Systems vorhanden ist, zu einem Anstieg der relativen Feuchte der Zuluft auf annähernd φ_{AbL} = 60 % führen, wodurch es nachfolgend zu einer deutlichen Überschreitung der Komfortgrenzen kommen würde.

13.3 Das entwickelte System im Vergleich zu einer DEC-Anlage

Allgemein kann der Betrieb einer DEC-Anlage (Desiccant-cooling-System) in trocken-heißen Gebieten nur eingeschränkt erfolgen, da das Sorptionsrad, das als wesentliche Anlagen-komponente betrachtet werden muss, aufgrund der vorhandenen geringen Luftfeuchten nur selten genutzt werden kann. D.h., eine DEC-Anlage kann an heißen Tagen nur im Sinne einer direkten und indirekten Verdunstungskühlung genutzt werden.
Bei einem Vergleich des entwickelten CDC-Systems mit einer DEC-Anlage ist insbesondere auf den Wasserverbrauch der DEC-Anlage zu achten. Generell kann der Betrieb einer DEC-Anlage mit demineralisiertem oder mit unbehandeltem Wasser erfolgen. Die Herstellung von demineralisiertem Wasser ist vor Ort möglich, jedoch mit einem hohen technischen Aufwand verbunden, was den Einsatz von aufbereitetem Wasser nur bei Großanlagen rechtfertigt. Der Betrieb einer DEC-Anlage mit unbehandeltem Wasser kann nur bei kontinuierlicher „Systemausschlämmung" erfolgen und führt im Vergleich zum Betrieb mit demineralisiertem Wasser zu einer Erhöhung des Wasserverbrauchs um ca. 30%. [T 01].

Da eine DEC-Anlage in trocken-heißen Gebieten meist ohne die Nutzung des Sorptionsrades betrieben werden muss, besteht meist nur die Möglichkeit, dass System im indirekten Betrieb bzw. im Mischbetrieb aus indirekter und direkter adiabater Kühlung zu betreiben. Eine Nutzung als rein direktes Verdunstungskühlsystem schließt sich aus, da die abgekühlte Zuluft im exemplarisch betrachteten Zeitraum bereits bei der Zuführung in den Gebäudeinnenraum eine relative Feuchte von ca. φ_{ZuL} = 60 % aufweisen würde. Der Vergleich einer indirekten Kühlung im Mischbetrieb aus indirekter und direkter adiabater Zuluftkühlung stellt sich wie folgt dar:
Um mit einer DEC-Anlage eine dem entwickelten CDC-System vergleichbare Zulufttemperatur zu generieren, könnte in einem direkten adiabaten Kühlprozess Außenluft einer Temperatur und relativen Feuchte von t_{AL} = 40,0 °C und φ_{AL} = 12,0 % auf ca. t_{ZuL} = 31,0 °C abgekühlt werden. Die relative Feuchte würde sich dadurch auf φ_{ZuL} = 32,0 % erhöhen. Gebäudeabluft einer Temperatur und

einer relativen Feuchte von t_{AbL} = 29,5 °C und φ_{AbL} = 36,7 % könnte direkt auf ca. t_{AbL} = 23,5 °C abgekühlt werden, wodurch die relative Feuchte auf φ_{AbL} = 66,0 % ansteigen würde. Innerhalb des Wärmetauschers (η_{WT} = 80 %) würde sich die Zuluft durch die vorgenannten Prozesse von t_{ZuL} = 31,0 °C bis auf etwa t_{ZuL} = 24,6 °C abkühlen, die relative Feuchte würde auf ca. φ_{ZuL} = 46,5 % ansteigen.

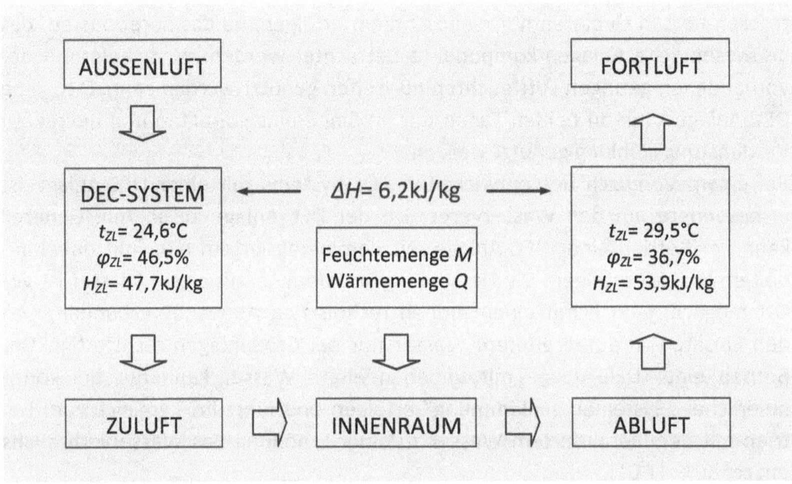

Abbildung 81: DEC-Anlage im eingeschränkten Betrieb ohne Sorptionsrad. Anlage mit direkter Zuluft- und Abluftbefeuchtung (Annahmen des Planungsgebietes und der Gebäudenutzung für Zone 17)

Unter der Annahme, dass die Temperatur und relative Feuchte der Abluft wie zuvor angenommen werden, zeigt sich folgendes:

Die pro Kilogramm Zuluft abführbare Wärmemenge ist mit Q = 6,2 kJ/kg relativ gering, obwohl der Abluftvolumenstrom sowie der Zuluftvolumenstrom adiabat befeuchtet wurden. Der Effekt ist auf den hohen Wert der relativen Feuchte der Zuluft von φ_{ZL} = 46,5 % zurückzuführen.

Im Falle eines ausschließlich indirekten Betriebs der DEC-Anlage erfolgt lediglich eine Abkühlung der Abluft. Unter der Annahme, dass eine Befeuchtung der Abluft die relative Feuchte der Abluft von φ_{AbL} = 36,7 % auf φ_{AbL} = 85 % anhebt, wird sich die Temperatur der Abluft von t_{AbL} = 29,5 °C auf ca. t_{AbL} = 20,5 °C verringern. Beim Durchlaufen des Wärmetauschers (η_{WT}= 80 %) würde sich die Zuluft von zuvor t_{ZuL} = 40,0 °C bis auf ca. t_{ZuL} = 24,4 °C abkühlen, die relative Feuchte würde auf ca. φ_{ZuL} = 29,0 % ansteigen.

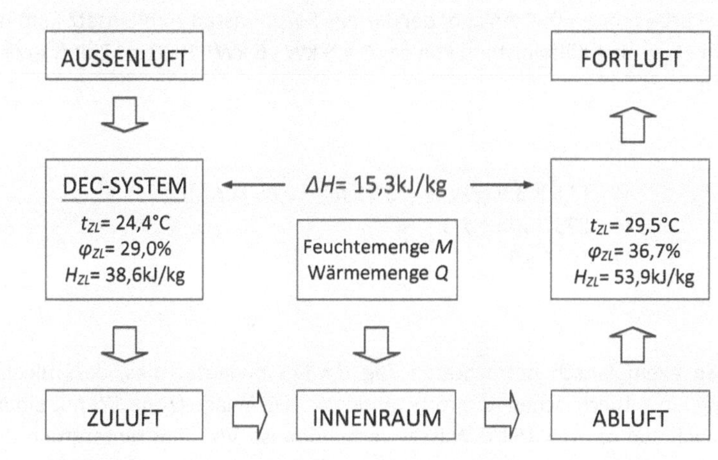

Abbildung 82: DEC-Anlage im eingeschränkten Betrieb ohne Sorptionsrad; Anlage mit indirekter Abluftbefeuchtung (Annahmen des Planungsgebietes und der Gebäudenutzung für Zone 17)

Es zeigt sich, dass mit einer reinen Abluftbefeuchtung, bei vergleichbaren Zulufttemperaturen, deutlich höhere Wärmelasten (Q = 15,3 kJ) pro Kilogramm Zuluft abgeführt werden können. D.h., ein Vergleich zwischen dem entwickelten CDC-System und einer DEC-Anlage muss unter der Maßgabe erfolgen, dass eine DEC-Anlage aufgrund der mesoklimatischen Standortbedingungen (hohe Temperaturen in Verbindung mit niedriger relativer Feuchte) oftmals nur als indirektes Kühlsystem zum Einsatz kommen kann. Die gesamte Kühllast von Q = 134,58kJ/kg bedingt einen 7,5fachen Luftwechsel. Um die erforderliche Kühllast abzuführen, werden ca. m = 3,9 g Wasser pro Kilogramm Luft und Luftwechsel benötigt. Bei einem Raumvolumen von V_{Z17} = 33,21 m³ und einer Luftdichte von ca. ρ_L = 1,17 kg/m³ bedeutet dies, dass im betrachteten Zeitraum von t_h = 13 h - 14 h eine Wassermenge von $m \approx$ 826 g innerhalb des DEC-Systems verdunstet werden müssen, um im Innenraum einen thermischen

Kom-fort aufrecht zu erhalten. Aufgrund der notwendigen Systemausschlämmung[106] muss der theoretische Verbrauchswert um ca. 30 % angehoben werden. Der stündliche Wasserverbrauch beträgt demnach ca. $M \approx 1$ l/h. Das bedeutet, dass mit der nur unvollständig zum Einsatz kommenden DEC-Anlage, aufgrund der niedrigen relativen Feuchte der Außenluft, nur eine Kälteleistung von etwa $Q = 3{,}6$ kW/ 1000 m³ Zuluft bereitgestellt werden kann. Mit einer optimal arbeitenden DEC-Anlage, bei der das Sorptionsrad zum Einsatz kommt, kann in etwa eine Kälteleistung von ca. $Q = 5$ kW - 6 kW/ 1000 m³ Zuluft erzielt werden.

$$M = (7{,}5 * 3{,}9\ g/kg) * (33{,}21\ m^3 * 0{,}85\ kg/m^3) * 1{,}3$$
$$M \approx 825{,}7\ g/h * 1{,}3$$
$$M \approx 1074\ g/h$$

Für den exemplarisch betrachteten Tag $d = 175$ bedeutet dies, dass die Erstellung eines thermischen Komforts mit einer DEC-Anlage (Zone 17) mit einem Verbrauch von ca. $M \approx 15$ l/d Wasser verbunden ist. Vor dem Hintergrund der Annahme, dass sich der Kühlleistungsbedarf des Gebäudes bei Kühlung aller Räume in etwa verdoppelt, muss bei vergleichbaren klimatischen Bedingungen mit einem monatlichen Wasserverbrauch von ca. $M \approx 900$ l/ Gebäude gerechnet werden.

Andere adiabate Verfahren der Zu- bzw. Abluftkühlung sind ebenso als nachteilig einzustufen. Der Wasserverbrauch und die energetische Effizienz dieser Systeme können mit einer DEC-Anlage ohne Nutzung des Sorptionsrades verglichen werden.

Der Verbrauch an elektrischer Energie stellt sich bei einem Vergleich von DEC- und CDC-System wie folgt dar: Bei einem CDC-System müssen im Unterschied zu einer DEC-Anlage nicht nur zwei, sondern vier Ventilatoren betrieben und auch die Sorptionstrommel bewegt werden. Der Verbrauch an elektrischer Energie ist gegenüber einer DEC-Anlage als geringfügig nachteiliger einzustufen. Bei der Nutzung von „Öko-Strom" kann jedoch von einem extrem geringen ODP-Wert[107] des entwickelten CDC-Systems ausgegangen werden.

[106] Systemausschlämmung: Im Unterschied zu einer DEC-Anlage ist eine Abschlämmung des entwickelten CDC-Systems aufgrund der geschlossenen Bauweise nicht notwendig.

[107] ODP: Ozone Depletion Potential (engl.) / Ozonabbaupotential

13.4 Das entwickelte System im Vergleich zu einem Kompressionskältegerät

Im Unterschied zu einem Klimagerät auf Kompressionsbasis kann bei einem CDC-System mit einem deutlich geringerem Verbrauch an elektrischer Energie gerechnet werden, da der eigentliche Kühlprozess im Unterschied zu einem Kompressionskältegerät nicht über die Verdichtung und Dekomprimierung eines Kältemittels, sondern über die adiabate Verdunstung von Wasser erzielt wird. Im Unterschied zu einem Kompressionsgerät muss jedoch von einem niedrigeren COP (Leistungszahl) ausgegangen werden. In der vorliegenden Ausarbeitung konnte nachgewiesen werden, dass bei Außenlufttemperaturen von t_{AL} = 40 °C Zulufttemperaturen von etwa t_{ZL} = 25 °C erzielbar sind. Sofern niedrigere Zulufttemperaturen erforderlich werden, kann eine Kombination aus CDC-System und Kompressionstechnik erfolgen. Im Falle einer geforderten Zulufttemperatur von beispielsweise t_{ZL} = 20 °C könnten demnach 75 % der geforderten Kühlleistung mittels des CDC-Systems über Solarenergie und 25 % der Kühlleistung mittels konventioneller Technik erzeugt werden. Aufgrund der unterschiedlichen Kälteerzeugungstechnologien kann im Vergleich zu konventioneller Kompressionstechnologie jedoch nicht nur von einem Reduktionspotential des Energieverbrauchs von etwa 75 %, sondern einem deutlich höheren Einsparpotential ausgegangen werden.

13.5 Das entwickelte System in Verbindung mit einem Solar-Chimney

Eine Kombination von CDC-System und Solar-Chimney kann ohne solare Nacherhitzung des Abluftvolumenstroms nicht empfohlen werden, da deutlich wurde, dass sich aufgrund der hohen Außenlufttemperaturen kein steigfähiges Abluftvolumen im Abluftkamin (Solar-Chimney) ausbilden kann. Wie sich zeigte, ist dieser Effekt auf zwei Ursachen zurückzuführen. Einerseits resultieren aus relativ niedrigen Höhen eines Kamins nur geringe Druckunterschiede zwischen der Ab- und der Außenluft, andererseits führt die über der Innenraumtemperatur liegende Außentemperatur zu einem negativen Druckgefälle zwischen der Außen- und der Abluft. Nur eine solare Nacherhitzung der Abluft innerhalb des Solar-Chimneys könnte bei den vorhandenen Außentemperaturen zu einem deutlichen Druckunterschied führen und somit geringfügig zu einer Entlastung des im CDC-System integrierten Abluftventilators beitragen.

13.6 Das entwickelte System in Verbindung mit einem Windcatcher

Eine Kombination von Windcatcher und CDC-System stellt sich im Planungsgebiet, im Unterschied zu einem Solar-Chimney als deutlich effizienter dar. Wie sich gezeigt hat, kann vorhandener Winddruck zu einer deutlichen Reduktion der reibungsbedingten Druckverluste innerhalb des Zuluftsystems beitragen und dadurch zu einer Entlastung des Zuluftventilators führen.
Ein typischer meteorologischer Effekt der trocken-heißen Regionen ist die mit der Erhöhung der Lufttemperatur ansteigende Windgeschwindigkeit. Dies bedeutet, dass die Windgeschwindigkeit proportional zum Kühlleistungsbedarf eines Gebäudes ansteigt. Die Nutzung dieses Effektes lässt sich in einer Kombination von Windcatcher und CDC-System optimal umsetzen und kann generell angeraten werden.
Da sich innerhalb der Berechnungen gezeigt hat, dass ein CDC-System unter den getroffenen Annahmen mit Außenluft und nicht mit Umluft betrieben werden sollte, kommt der Zulufttemperatur eine wesentliche Bedeutung zu. Wie sich zeigte, ist eine Außenluftzufuhr über sonnenexponierte Fassadenflächen nicht zu empfehlen, da sich vor einer Fassade markante Übertemperaturen ausbilden können. In der Folge einer Luftzufuhr über einen Windcatcher können strahlungsbedingte Übertemperaturen weitgehend vermieden werden, weshalb diese Form der Luftzufuhr in Kombination mit der Nutzung des Winddruckes empfohlen wird.

13.7 Das entwickelte System in Verbindung mit einer Feuchteregelung

Eine Absenkung der relativen Feuchte der Zuluft ist in den trocken-heißen Regionen i.d.R. nicht notwendig, da ein Abfall der Außentemperatur in trocken-heißen Gebieten zu einem Anstieg der relativen Feuchte und in den Regionen zu einer Verbesserung des Zuluftzustandes sowie zu einem in etwa proportional verlaufenden Rückgang des Kühlleistungsbedarfs führt. Eine Taupunkt- oder Feuchteregelung kann entfallen.

13.8 Das entwickelte System in Verbindung mit einer Nachtlüftung

Sofern eine effektive Nachtlüftung des Gebäudeinnenraumes zur Anwendung kommen soll, muss eine ungewollte Erwärmung der nachtkalten Zuluft vor dem Eintritt in das Gebäude unterbunden werden. D.h., bei der Führung der Zuluft ist zu berücksichtigen, dass Lufteintrittsöffnungen des Gebäudes nicht unmittelbar neben Bauteilen liegen, die sich im Laufe eines Sommertages stark aufheizen. Wie auch andere exponierte Bauteile erwärmt sich die Masse eines Windcatchers im Laufe eines Tages in Abhängigkeit zu seiner thermischen Speichermasse. Aufgrund der freistehenden Lage des Windcatchers ist jedoch mit einer relativ schnellen Abkühlung dieses Bauteils nach Sonnenuntergang zu rechnen. Ein Windcatcher kann somit während der Nachtstunden optimal für die Zuführung von kalter Außenluft in den Gebäudeinnenraum genutzt werden.

13.9 Das entwickelte System an schadstoffbelasteten Standorten

Sofern ein CDC-System innerhalb einer Bebauungsstruktur mit hohen verkehrsbedingten Luftbelastungen zum Einsatz kommen soll, wird ebenso eine Zuluftführung über einen Windcatcher angeraten, um den Gebäudeinnenräumen nach Möglichkeit Luft geringerer Belastung zuzuführen. Zusätzlich kann das CDC-System, wie andere Systeme, mit einem Luftfilter ausgestattet werden.

13.10 Das entwickelte System an anderen Standorten

Selbstverständlich sind die am Standort Assuan exemplarisch ermittelten Ergebnisse auf andere Standorte der trocken-heißen Regionen übertragbar. Im Falle des Einsatzes des neu entwickelten CDC-Systems muss jedoch geprüft werden, ob alle meteorologischen Parameter des Planungsstandortes prinzipiell vergleichbar sind und ob Abweichungen zu markanten Beeinflussungen der Leistungsfähigkeit des Systems führen können. Allgemein muss die Systemauslegung eine Anpassung an anstehende Lasten und an mesoklimatische Standortbedingungen beinhalten.

14 Zusammenfassung und Ausblick

Ziel der vorliegenden Arbeit war es, eine nachhaltige und energieeffiziente Alternative zu derzeitig verfügbaren Gebäudeklimatisierungssystemen aufzuzeigen. Das entwickelte System zeichnet sich insbesondere dadurch aus, dass es im Unterschied zu anderen Systemen auch bei extrem hohen Außentemperaturen ohne Wasserverbrauch und auf der Basis von thermischer Solarenergie arbeitet.

Generell kann in vielen Regionen der Welt eine überaus deutliche Zunahme an klimatisierten Gebäudeflächen verzeichnet werden. So muss allein in Europa, seit dem Jahr 2000 bis zum Jahr 2020, mit einer Verdoppelung der klimatisierten Gebäudeinnenraumflächen gerechnet werden. Der Verband *JRAIA*[108], in dem ein Großteil der Produzenten von Kompressionskältegeräten organisiert sind, prognostiziert für das Jahr 2008 allein für Kompressionskältemaschinen kleiner Leistungsbereiche[109] einen weltweiten Absatz und die Inbetriebnahme von etwa 68,65 Millionen Geräten. So sind in den USA derzeit schon 55 % und in Japan bereits 70 % aller Haushalte mit einem Klimatisierungssystem ausgestattet [25, S.67]. Vor dem Hintergrund dieser Entwicklung muss davon ausgegangen werden, dass der Bedarf an klimatisierten Gebäudeflächen nicht nur in gemäßigten Breiten, sondern insbesondere auch in den trocken-heißen Regionen weiterhin stark ansteigen wird.
Konventionelle Gebäudeklimatisierungssysteme basieren generell auf Kompressionstechnologie. D.h., die Klimatisierung von Gebäudeinnenräumen ist in arid-heißen Zonen mit einem proportional weitaus höheren Energieverbrauch als in den gemäßigten Breiten verbunden. Da die derzeitige weltweite Energieproduktion zu etwa $^2/_3$ auf thermischen Verbrennungsprozessen basiert, führen drastische Zunahmen des Energieverbrauchs unmittelbar auch zu deutlich höheren Kohlendioxidimmissionen und zu einer Anheizung des weltweiten Temperaturanstiegs. Im Falle der Gebäudeklimatisierung kann eine Lösung dieser, mit dramatischen Folgen behafteten Problematik, nur in einer Verringerung des benötigten Kühlleistungsbedarfes in Verbindung mit alternativen Kühltechnologien liegen. Die vorliegende Arbeit zeigt eine solche Lösung auf und liefert den Nachweis der Machbarkeit und der Effizienz.
Als Grundlage aller Bearbeitungsschritte der vorliegenden Dissertation erfolgte eine Auseinandersetzung mit den mikroklimatischen Standortbedingungen des

[108] JRAIA: Japan Refrigeration and Air Conditioning Industry Association
[109] Kleine Leistungsbereiche: Geräteleistungen bis etwa 4 kW

stellvertretend gewählten Ortes Assuan, woraus sich im Zusammenhang mit ersten Simulationen resultierende Vorgaben für eine passive Gebäudeplanung ergaben. Im Vorfeld konnten so beispielsweise eine optimale Gebäudeorientierung von α = 172 ° und bei der Anwendung einer Lehmsteinausfachung optimale Materialstärken von d = 400 mm ermittelt werden. Im Zuge der Auseinandersetzung mit den themenrelevanten Grundlagen des thermischen Komforts erfolgte eine neuartige Festlegung der maximalen Innenraumtemperaturen. Die Festlegungen wurden in Form von dynamischen Maximaltemperaturen getroffen, die in engem Bezug zur vorherrschenden Außentemperatur stehen. Eine Festlegung dynamischer Maximaltemperaturen geht in der Berücksichtigung adaptiver körpereigener Prozesse deutlich über bisher gültige Normen hinaus. Durch das Ersetzen von statischen Maximaltemperaturen durch dynamische Festlegungen ergeben sich deutliche Einsparpotentiale im Bereich des Kühlleistungsbedarfes. Die maximal zulässige Innenraumtemperatur wurde mit t_{AL} = 28 °C angesetzt.
Im weiteren Verlauf der Arbeit erfolgte eine intensive Auseinandersetzung mit dem Themenschwerpunkt Gebäudelüftung. So entstand beispielsweise eine Darstellung und Beurteilung verschiedener natürlicher Lüftungssysteme. Es wurden passive Maßnahmen der Wärmeabfuhr dargelegt, die Zusammenhänge von thermischer Empfindung, Metabolismus und Luftgeschwindigkeit aufgezeigt, sowie die Zusammenhänge von thermikbasierten und winddruckbasierten Lüftungsmöglichkeiten dargestellt. Die Erläuterungen und Berechnungen dienten als Basis, um die im weiteren Verlauf diskutierten Systeme beurteilen zu können. Berechnungen zum windinduzierten Staudruck am Lufteinlass eines Windcatchers oder des resultierenden thermischen Auftriebs innerhalb eines Solar-Chimney dienten als Grundlage des darauf aufbauenden Themengebietes „Architektonische Lüftungssysteme". Wie sich zeigte, ist der Einsatz eines Solar-Chimney unter den angenommenen Bedingungen am Standort nicht zu empfehlen. Die Nutzung eines Windcatchers kann hingegen angeraten werden. Weiterführend erfolgte eine Darstellung und Beurteilung der Temperaturregelung in konventionellen Lüftungs- und Klimaanlagen, die es ermöglicht, den innerhalb des entwickelten Klimatisierungssystems, im Unterschied zu konventionellen Anlagen, anders verlaufenden Steuerungsprozess beurteilen zu können. Im weiteren Verlauf wurden adiabate Verdunstungsprozesse und solarthermische Klimatisierungssysteme dargestellt und analysiert. Die Darstellungen dienten im Weiteren als Beurteilungsgrundlage des entwickelten Systems. Um das im Rahmen der vorliegenden Arbeit entwickelte System unter realistischen Randbedingungen beurteilen zu können, wurde ein

typisches Gebäude der arid-heißen Regionen als Grundlage genutzt. Das Gebäude wurde als dreidimensional modellierter Baukörper unter Zuweisung von Wetterdaten und internen Lastfällen berücksichtigt. Die aus den Simulationen resultierenden Daten des erforderlichen Kühlleistungsbedarfs dienten als Basis, um die erforderlichen Laufzeiten und Luftwechselzahlen unter Anwendung des entwickelten Systems zu berechnen. Das entwickelte System wurde sowohl im Mischbetrieb aus Außen- und Umluft, als auch im reinen Außenluftbetrieb betrachtet. Es zeigte sich, dass sich ein reiner Außenluftbetrieb vorteilhafter darstellt, da dieser aufgrund der geringen Außenluftfeuchte und der daraus resultierenden geringen spezifischen Enthalpiewerte der Außenluft, zu geringeren erforderlichen Luftwechselzahlen als ein Mischbetrieb führt. Anhand der Berechnungen konnte nachgewiesen werden, dass es mit dem entwickelten System möglich ist, bei Außenlufttemperaturen von etwa $t_{AL} = 40$ °C Zulufttemperaturen von etwa $t_{ZuL} = 25$ °C zu generieren. Die Zulufttemperatur kann in jedem Fall als ausreichend bezeichnet werden, die Erstellung eines thermischen Komforts ist in jedem Fall gegeben und konnte bewiesen werden. Die abweichend von gültigen Normen definierten dynamischen Maximaltemperaturen wirken sich lediglich auf die abzuführende Wärmemenge des Innenraumes und somit auf die erforderlichen Luftwechselzahlen aus. Mit Hilfe der Neudefinition der Maximaltemperaturen kann die Systemlaufzeit reduziert und dadurch der Energieverbrauch weiter gesenkt werden. Im Zuge einer abschließenden Diskussion erfolgte eine Gegenüberstellung des Systems mit anderen Kühlsystemen.

Unter nachhaltigen Gesichtspunkten kann das entwickelte CDC-System als hoch innovative Entwicklung gesehen werden. Das entwickelte Klimatisierungssystem zeichnet sich vor allem dadurch aus, dass es im Unterschied zu Sorptionskälteanlagen auch bei extrem hohen Außentemperaturen ohne Wasserverbrauch betrieben werden kann. Sorptionskälteanlagen müssen im Unterschied zum entwickelten System ab einer Außentemperatur von ca. $t_{AL} = 32$ °C über einen Nasskühlturm rückgekühlt werden, was zu einem deutlichen Wasserverbrauch führt. Die ebenfalls solarthermisch betriebenen sorptionsgestützten Klimatisierungssysteme (DEC-Anlagen) weisen generell einen Wasserverbrauch auf, weshalb beide Systeme nur bedingt für den Einsatz in arid-heißen Regionen geeignet sind. Das entwickelte System arbeitet ohne Wasserverbrauch, nutzt jedoch ebenso thermische Solarenergie. Aus ökologischer und nachhaltiger Sicht stellt es sich deshalb als hoch interessantes und besonders energieeffizientes System dar, das auch in arid-heißen Gebieten eine energieeffiziente und nachhaltige Innenraumkonditionierung auf der Basis von thermischer Solarenergie ermöglicht. Unter ökonomischen Gesichtspunkten kann davon ausgegangen werden, dass die Weiterentwicklung des CDC-Systems mit relativ niedrigen Entwicklungskosten abgedeckt werden kann, was auf den relativ einfachen Systemaufbau zurückzuführen ist. Der strukturell einfache Aufbau des Systems garantiert niedrige Erstellungskosten und beinhaltet das Potential, einen entsprechend großen Markt bedienen zu können. Aufgrund der überaus großen Anwendungsbreite des CDC-Systems kommt das System deshalb nicht nur für finanzstarke, sondern auch für finanzschwache Regionen unterschiedlichster Länder in Betracht. Das entwickelte CDC-System wird aufgrund seiner ökologischen sowie ökonomischen Merkmale als extrem nachhaltige und hoch zukunftsfähige Alternative zu derzeit marktverfügbaren Systemen gesehen. Eine ökologische und ökonomische Alternative, die es im Sinne einer nachhaltigen und energieeffizienten Gestaltung unserer gebauten Umwelt weiterzuentwickeln und umzusetzen gilt.

15 Zeichen- und Abkürzungsverzeichnis

15.1 Zeichenverzeichnis

Zeichen incl. Subscripts	Bedeutung	SI-Einheit
$\varnothing$	Durchmesser	m
α	Gebäudeorientierung (Norden entspricht: 0°)	°
β	Verglasungsanteil in Relation zur Grundfläche	%
ΔH	Unterschied der Enthalpien	kJ/kg
ΔP	Druckdifferenz	Pa
ΔP_{Catch}	Totaler Druckverlust innerhalb eines Windcatchers	Pa
ΔP_{Diff}	Druckunterschied zwischen einer Einlass- und Auslassöffnung	Pa
ΔP_{Therm}	Druckunterschied durch Thermik	Pa
η_{WT}	Wirkungsgrad Wärmetauscher	%
Θ	Temperaturamplitude	°C
$\Theta_{e,d}$	Gemittelte Außentemperatur	°C
$\Theta_{e,\ m}$	Gemittelte monatliche Außentemperatur	°C
$\Theta_{e,2.4}$	Gemittelte Außentemperatur der letzten drei Tage	°C
ρ_A	Außenluftdruck	Pa
ρ_I	Innenluftdruck	Pa
ρ_L	Luftdichte	kg/m^3
ρ_W	Absoluter Feuchtegehalt der Luft	g/kg
σ	Elektrischer Leitwert	µS/cm
Φ_{Vent}	Kühlleistung über Ventilation	kW
φ_{AbL}	Relative Feuchte Abluft	%
φ_{AL}	Relative Feuchte der Außenluft	%
φ_o	Relative Feuchte der operativen Temperatur	%
φ_{ProzL}	Relative Feuchte der Prozessluft	%
φ_{RL}	Relative Feuchte der Raumluft	%
φ_{ZuL}	Relative Feuchte Zuluft	%
A	Fläche	m^2
A_{Cat}	Querschnittsfläche innerhalb eines Windcatchers	m^2
C	Konvektive Wärmeverluste über die Kleidung	W/m^2
C_p	spezifische Wärmekapazität	J/kg K
C_{pL}	Druckkoeffizienten	---
D	Bauteilstärke	cm
d	Kalendertag	---

E_{diff}	Latente Wärmeabgabe über die Haut	W/m^2
E_{rl}	Latente Wärmeabgabe über die Atemluft	W
E_{rs}	Sensible Wärmeverluste der Atmung	W
E_{sw}	Wärmeverluste infolge von Schwitzen	W/m^2
E_T	Neutrale thermische Empfindung	---
e	Dampfdruck	Pa
g	Erdbeschleunigung	m/s^2
G	Globalstrahlung (direkte und diffuse Himmelsstrahlung)	Wh/m^2
		W/m^2
H_I	Innere Wärmeproduktion	W
H_{ProzW}	Enthalpie Prozesswasser	J/Wh
		(kcal)
h_v	Höhe	m
I_{cl}	Bekleidungsniveau	clo
I_o	Strahlungsdichte	W/m^2
K	Stündlich anfallende Menge an luftbelastenden Bestandteilen	mg/h
k_a	Menge schädlicher Bestandteile in der Zuluft	mg/m^3
k_j	Höchstzulässige Menge an luftbelastenden Bestandteilen in der Raumluft nach MAK	mg/m^3
L_{pA}	Bewerteter Schalldruckpegel (A-Bewertung)	dB(A)
l	Länge	m
M	Metabolismus	Met
		W/m^2
M_K	Kondensatmenge pro kg Luft	g/kg
m	Masse	g
		kg
n	Luftwechselzahl	h^{-1}
n_{NL}	Luftwechsel außerhalb der Anwesenheit	h^{-1}
n_{TL}	Luftwechsel während der Anwesenheit	h^{-1}
n_{24}	Zeitlich gewichteter mittlerer Luftwechsel	h^{-1}
P	Druck	Pa
		bar
PMV	*Predicted Mean Vote (engl.)* Vorhergesagte Anzahl zufriedener Personen	%
PPD	*Predicted Percentage of Dissatisfied (engl.)* Vorhergesagte Anzahl unzufriedener Personen	%
P_{Therm}	Druck aufgrund von Thermik	Pa
P_{total}	Resultierender Druck	Pa
P_W	Winddruck	Pa

Q	Wärmemenge	kJ/kg
		kW
		kcal/kg
$Q_{Antrieb}$	Antriebsenergie	kW
Q_K	Kühllast	kW
Q_{Nutzk}	Kälteleistung nutzbar	kW/h
Q_Z	Kühllast einer Zone	kW
q_B	Gebäudeemissionsbezogene Lüftungsrate	l/s
q_p	Raumbelegungszahl	Personen
q_{tot}	Gesamtlüftungsrate	l/s
q_{vent}	Ventilationsrate	kg/s
R	Radiative Wärmeverluste über die Kleidung	W/m^2
S_w	Höhe der Schweißabgabe des Körpers	g/h
T	Temperaturdifferenz	K
T_{TL}	mittlere Zeit des Taglüftens	h
t_{AbL}	Ablufttemperatur	°C
t_{Adsorb}	Temperatur Adsorbens	°C
t_{AL}	Außenlufttemperatur	°C
t_{Des}	Desorptionstemperatur	°C
t_{FL}	Fortlufttemperatur	°C
t_{FT}	Taupunkttemperatur	°C
t_H	Hauttemperatur des menschlichen Körpers	°C
t_h	Zeit	h
t_{Kk}	Kerntemperatur des menschlichen Körpers	°C
t_{Kol}	Kollektortemperatur	°C
t_{Res}	Resultierende Temperatur aus Strahlungs- und Lufttemperatur	°C
t_{RL}	Raumlufttemperatur	°C
$t_{RL\ Max}$	Maximale Raumlufttemperatur	°C
t_{Str}	Mittlere Strahlungstemperatur im Gebäudeinnenraum	°C
t_{ZuL}	Zulufttemperatur	°C
U_o	Windgeschwindigkeit	m/s
V	Volumen	m^3
V_{Cat}	Windgeschwindigkeit auf Höhe eines Windcatcher-lufteinlasses	m/s
V_h	Luftgeschwindigkeit	m/s
V_{KL}	Kühlluftvolumenstrom	m^3/s
V_L	Luftvolumenstrom	m^3/h

V_{PW}	Volumen Prozesswasser	cm^3
V'_{PW}	Volumen Dampf (gesättigt)	cm^3
V_Z	Volumen einer Zone	m^3
V_{10}	Windgeschwindigkeit in 10 m Höhe	m/s
W_{max}	Hautbenetzungsgrad mit Körperschweiß	---
Z	Zone (Simulationsbereich)	---
z_{ref}	Referenzhöhe einer gemessenen Windgeschwindigkeit	m
z_0	Rauhigkeitsgrad der Oberfläche	---
z_2	Höhe eines Lufteinlasses über OKT	m

15.2 Abkürzungsverzeichnis

Abkürzung	Bedeutung
[1,S.2]	laut Literaturquelle Nr. 1, Seite 2
[I 1]	laut Internetquelle Nr. 1
[B 1]	Bild aus Quelle Nr. 1
[BI 1]	Bild aus Internetquelle Nr. 1
[T 1]	laut Telefongespräch mit Quelle Nr. 1
Abb.	Abbildung
-belast.	-belastung
bspw.	beispielsweise
bzw.	beziehungsweise
ca.	circa
CDC	*Closed-Desiccant-Cooling-System (engl.)* Geschlossenes Desorptions-Klimatisierungssystem
DEC	*Desiccant-Evaporation-Cooling (engl.)* Sorptionsgestützte Verdunstungskühlung
dir.	direkt
ECT	*Evaporation-Cooling-Tower (engl.)* Verdunstungskühlturm
entspr.	entspricht
f	und folgende
ff	und folgenden
hor.	horizontal
Hr	*hour (engl.)* Stunde
i.d.R.	in der Regel
Kap.	Kapitel

Kondens.	Kondensation
OKT	Oberkante Terrain
rel.	relativ
s.	siehe
S.	Seite
s.a.	siehe auch
sim.	simulierter
system.	systematisch
Tab.	Tabelle
-temp.	-temperatur
u.a.	unter anderem
Var.	Variante
Wk	*week (engl.)* Woche
WT	Wärmetauscher
Z	Zone
z.B.	zum Beispiel

16 Softwareverzeichnis

[A] Simulationen erstellt mit Computerprogramm:

TAS-Building Designer
ESDL Ltd., Milton Keynes GB

[B] Simulationen erstellt mit Computerprogramm:

A-TAS
ESDL Ltd., Milton Keynes GB

[C] Simulationen erstellt mit Computerprogramm:

CFD-Ambiens
ESDL Ltd., Milton Keynes GB

[D] Wetterdaten Aswan (Assuan) aus Computerprogramm:

Meteonorm
Meteotest, Bern CH

[E] Graphik erstellt mit Computerprogramm:

The Wheather tool
Square One Research Pty Ltd., Cardiff GB

[F] PMV / PPD Berechnungen erstellt mit Computerprogramm:

Thermal comfort meter
Welsh School of Architecture, Cardiff University, Cardiff GB

[G] Enthalpien unterschiedlicher Luftzustände aus Computerprogramm:

Software zur Darstellung von Prozessen im Mollier H-x-Diagramm
ILK Institut für Luft und Klimatechnik
Gemeinnützige Gesellschaft GmbH, Dresden

17 Quellen

17.1 Normen und Richtlinien

CEN Report CR 1752
Bericht CR 1752 des Europäischen Komitees für Normung

DIN 1343
Referenzzustand, Normzustand, Normvolumen; Begriffe, Werte

DIN 13779
Lüftung von Nichtwohngebäuden - Allgemeine Grundlagen und Anforderungen für Lüftungs- und Klimaanlagen und Raumkühlsysteme

DIN 1946-2
Raumlufttechnik - Gesundheitstechnische Anforderungen (seit 2007 ungültig)

DIN 4108
Wärmeschutz und Energie-Einsparung in Gebäuden

DIN EN 832
Wärmetechnisches Verhalten von Gebäuden, Berechnung des Heizenergiebedarfs - Wohngebäude

DIN EN 13779
Lüftung von Nichtwohngebäuden - Allgemeine Grundlagen und Anforderungen für Lüftungs- und Klimaanlagen und Raumkühlsysteme.
Die seit 2005 gültige Norm ersetzte die bis dahin gültige DIN 1946-2

DIN EN 15251
Eingangsparameter für das Raumklima zur Auslegung und Bewertung der Energieeffizienz von Gebäuden - Raumluftqualität, Temperatur, Licht und Akustik

DIN EN ISO 7730
Ergonomie der thermischen Umgebung - Analytische Bestimmung und Interpretation der thermischen Behaglichkeit durch Berechnung des PMV- und des PPD-Indexes und Kriterien der lokalen thermischen Behaglichkeit

DIN EN ISO 7933
Ergonomie der thermischen Umgebung - Analytische Bestimmung und Interpretation der Wärmebelastung durch Berechnung der vorhergesagten Wärmebeanspruchung

ISSO-74:2005
Thermische behaaglijkheid (Niederländische AGT Richtlinie)

VDI 2078
Berechnung der Kühllast klimatisierter Räume

17.2 Textquellen - Allgemein

[1] Abou El Fadl S.T.
Hybride und passive Kühlung von Wohngebäuden in trocken-heißen Gebieten am Beispiel Oberägyptens.
Stuttgart: Ibidem, 1999

[2] Allard F.
Natural Ventilation in Buildings, A Design Handbook
London: James & James, 1998

[3] Alvarez S., Rodriguez E.A., Molina J.L.
The Avenue of Europe at EXPO '92: Application of cooling towers
In: Proceedings of the 9. PLEA Int. Conference
Seville: 1991

[4] Awbi H.B.
Air movement in naturally ventilated buildings
In: Renewable Energy; WREC 1996
London: Institute of Energy, 1996

[5] Awbi H.B.
Design considerations for naturally ventilated buildings
In: Renewable Energy Vol.5 Part II
London: Institute of Energy, 1994

[6] Aynsley R.M. Ph.D.
A resistance approach to est. airflow through build with large openings due to wind In: ASHRAE Transactions V.94
Atlanta: ASHRAE, 1988

[7] Bansal N.K., Mathur R., Bhandari M.S.
A study of solar chimney assisted wind tower system for natural ventilation in buildings
In: Building and Environment Vol.29 No.4
Oxfort: Elsevier Science Ltd., 1994

[8] Bohne D.,
Universität Hannover, Fakultät Architektur
Institut Entwerfen und Konstruieren, TGA
Vorlesungsskript; Thema Raumlufttechnik
Hannover: Universität Hannover, Fakultät Architektur, 2007

[9] Conergy AG
Solare Kühlung, Teil1: Grundlagen (Firmenprospekt)
Hamburg: Fa. Conergy AG, 2007

[10] Döller M.
Hochdruckbefeuchtung im W.E.I.Z
In: Heizung Lüftung Klimatechnik Ausgabe 1-2 2005
Wien: Weka-Verlags GmbH, 2005

[11] Fanger P.O.
Thermal Comfort, Analyses and Application in Environmental Engineering
Malabar: R.E. Krieger Publishing Co., 1982

[12] Gallo C., Sala M., Sayigh A.M.M.
Architecture, Comfort and Energy
Oxfort: Pergamon, 1998

[13] Givoni B.
Passive and low energy cooling of buildings
New-York: Van Nostrand Reinhold, 1994

[14] Goulding J., Lewis J., Steemers T.
Energiebewusstes Entwerfen
Louvain: Université Catholique de Louvain, 1991 /
Dublin: School of Architecture University College, 1991

[15] Henning H.-M.
Solar-Assisted Air-Conditioning in Buildings, A Handbook for Planners
IEA - International Energy Agency
Wien: Springer Verlag, 2004

[16] Henning H.-M.
Solare Klimatisierung, Stand der Entwicklung
In: Tagung Solares Kühlen;
Wien: 2004

[17] Henning H.-M.
Solare Kühlung und Klimatisierung - Belüftung und Wärmerückgewinnung
In: FVS - LZE Themen
Berlin: Forschungsverbund Sonnenenergie, 2005

[18] Hindrichs D. U., Daniels K.
Plus minus 20°/40° latitude
Sustainable building design in tropical and subtropical regions
Stuttgart / London: Edition Axel Menges, 2007

[19] ITT - Institut für Technologie in den Tropen
Informationen zum Semesterprojekt: *Housing at lake Nasser*
Köln: Institut für Technologie in den Tropen, 2002

[20] Kampmann
Frischluftklima (Firmenprospekt)
Lingen: Fa. Kampmann, 2007

[21] Kuehn T. H., Couvillion R. J., Coleman J. W., Suryanarayana N. et. al.
ASHRAE Fundamentals
Atlanta: American Society of Heating, Refrigeration and Air conditioning Engineers, Inc. - ASHRAE, 2005

[22] Königsberger O.H., Ingersoll T.G., Mayhew A., Szokolay S.V.
Manual of tropical housing and buildings Part1: Climatic design
New York: Longmann, 1973

[23] Krüger E.L.
Estimation of relative humidity for thermal comfort assessment
In: Seventh International *IBPSA* Conference
Rio de Janeiro: 2001

[24] Lenz B.
Die Anwendung von natürlicher Ventilation in Verbindung mit aktiver Verdunstungskühlung in Gebäudeinnenräumen der trocken-heißen Regionen zur Verbesserung des thermischen Komforts (Master-Thesis)
Köln: Institut für Technologie in den Tropen, 2003

[25] Lenz B.
Kühl Kalkuliert - Solarthermische Klimatisierung
In: db - Deutsche Bauzeitschrift, Ausgabe 02 2009
Stuttgart: Konradin Verlag, 2009

[26] Mahyari A.
The Windcatcher: A passive cooling device for hot arid climate (PhD-thesis)
Sydney: University of Sydney, 1996

[27] Mathews E.H., Rousseau P.G.
A new integrated design tool for naturally ventilated buildings Part 1: Ventilation model
In: Building and Environment Vol.29 No.4
Oxford: Elsevier Science Ltd., 1994

[28] Murakami S., Zeng J., Hayashi T.
CFD analysis of wind environment around a human body
In: Journal of wind engineering and industrial aerodynamics
Amsterdam: Elsevier Science Ltd., 1999

[29] Ranft F., Frohn B.
Natürliche Klimatisierung
Basel: Birkhäuser Verlag, 2004

[30] Recknagel H., Sprenger E., Schramek E.R.,
Taschenbuch für Heizung und Klimatechnik 03/04
Oldenbourg: R. Verlag GmbH, 2003

[31] Rodriguez E.A., Alvarez S., Martin R.
Direct air cooling from water drop evaporation
In: Proceedings of the 9. PLEA Int. Conference
Seville: 1991

[32] Rodriguez E.A., Alvarez S., Martin R.
Water drops as a natural cooling resource - Physical Principles
In: Proceedings of the 9. PLEA Int. Conference
Seville: 1991

[33] Schettler-Köhler H.-P., Lawrenz H.-P.
Energiesparung contra Behaglichkeit, Heft 121
Bundesministerium für Verkehr, Bau und Stadtentwicklung BMVBS /
Bundesamt für Bauen und Raumordnung BBR
Berlin, 2007

[34] Schiller G. Ph.D., de Dear R. Ph.D.
A Standard for Natural Ventilation
In: ASHRAE Journal October 2000
Atlanta: ASHRAE, 2000

[35] Springel P.
Niedrigenergiegebäude in Köln
Planung, Umsetzung, Erfahrungen
In: Detail, Zeitschrift für Baudetail Nr.3 „Solares Bauen"
München: Institut für internationale Architektur Dokumentation, 1997

[36] Svensson C.
In: The NATVENT programme 1.0 / Fundamentals
Slagthuset: J&W Consulting Engineers, 1998

[37] Yellot J.I.
Evaporative Cooling
In: The MIT Press, October 1989
Cambridge: Massachusetts Institute of Technology, 1989

17.3 Textquellen - Internet

[I 1] Danish Wind Industry Association
Standortspezifische Windgeschwindigkeiten in Abhängigkeit zur Höhe
http://www.windpower.org/de/tour/wres/calculat.htm
(Zugriff: 19.09.2008; 16:05h)

[I 2] Dorer V.,
Empa Building Technologies Dübendorf
Aktuelles aus der Forschung in der Lüftungs- und Klimatechnik im Bereich der passiven Raumkühlung. ProKlima-Tag 2006
http://www.proklima.ch/cms/upload/pdf/proklimatag/Dorer_Viktor-EMPA.pdf
(Stand 04.08.2007; 10:38h)

[I 3] IEA, International Energy Agency
Key World Energy Statistics
http://www.iea.org/textbase/nppdf/free/2007/key_stats_2007.pdf
(Zugriff:17.03.2008; 13:14h)

[I 4] IFT- Institut für Fenstertechnik Rosenheim
Feuchtigkeitsabfuhr aus Wohnungen durch natürliche Lüftung
http:// http://www.fenstertechnik.at/Archiv/lueften.pdf
(Zugriff: 02.02.2007; 20:15h)

[I 5] Institut für Physik in Berlin Adlershof
Senatsverwaltung für Stadtentwicklung Berlin
http://www.a.tu-berlin.de/GtE/forschung/Adlershof/faltblatt_institut_physik.pdf
(Zugriff: 27.07.2007;16:40h)

[I 6] Mayer U.
FH Oldenburg FB Architektur, Energie-, Gebäudetechnik
Thermische Behaglichkeit,
http://www.fhoow.de/fba//downloads/8/kapitel_01a_thermische_behaglichkeit. pdf
(Zugriff: 27.07.2007,16:52h)

[I 7] Paul Wärmerückgewinnung
Technische Informationen zu SOLO Wärmetauscher
http://www.waermetauscher-paul.de/luftluftwaermetauscher/index.html
(Zugriff: 22.10.2008; 20:25h)

[I 8] Roggel K.
Das wohltemperierte Haus, Diplom TU- Berlin:
http://www.klausroggel.de/waer_spei.htm
(Zugriff:25.11.2006; 10:15h)

[I 9] Schmidt M.
Innovative Gebäudekonzepte
Technische Universität Berlin FG Gebäudetechnik und Entwerfen
http://www.a.tu-berlin.de/GtE/forschung/Adlershof/Berlin2006_PPT.pdf
(Zugriff: 27.07.2007; 16:25h)

[I 10] Servitec Forschungsbericht
Modul III, Klimatechnik – Solare Kühlung
http://www.eduvinet.de/servitec/coold.htm
(Zugriff: 27.07.2007, 17:25h)

[I 11] Stadler C., Conergy AG
Planung von solaren Kühlsystemen unter praktischen Gesichtspunkten
Berliner Energietage 2006
http://www.iemb.de/veranstaltungen/dokumentationen/bet2006/stadler_2006.pdf
(Zugriff:11.04.2008 15:29h)

[I 12] Windenergie, TU-Berlin:
http://emsolar.ee.tu-berlin.de/~ilse/wind/wind1.html
(Zugriff:19.07.2006; 18:37h)

17.4 Bildquellen - Allgemein

[B 1] Lenz B.
Machbarkeitsstudie Porte des Vincennes
Paris: Barthélémy & Griño Architectes, 2005

[B 2] Lenz B.
Ionentauscher und Osmoseanlage
Haustechnisches System der Wilhelma
Stuttgart, 2008

[B 3] Lenz B.
Sorptionsrad, Solare Klimatisierung der IKH Freiburg (Prototyp DEC-System),
Entwicklung: Fraunhofer Institut für Solare Energiesysteme – ISE
Freiburg, 2007

[B 4] Lenz B. (Projektleitung + Systementwicklung), Oudin C. (Rendering)
Machbarkeitsstudie Porte des Vincennes
Barthélémy - Griño Architectes, Frameworks / Trait pour trait
Basel: Birkhäuser Verlag, 2005

[B 5] Lenz B. (Projektleitung + Systementwicklung), Oudin C. (Rendering)
Solar-Chimney: Machbarkeitsstudie Porte des Vincennes
Barthélémy - Griño Architectes, Frameworks / Trait pour trait
Basel: Birkhäuser Verlag, 2005

17.5 Weitere Quellen

[T 1] Falley C. Dipl.-Wirt. Ing.
Menerga GmbH, Vertriebs- & Büroleitung NL Luxemburg
(Telefongespräch: 07.08.2008; 11:34h)

***ibidem*-Verlag**

Melchiorstr. 15

D-70439 Stuttgart

info@ibidem-verlag.de

www.ibidem-verlag.de
www.ibidem.eu
www.edition-noema.de
www.autorenbetreuung.de

Zeitfracht Medien GmbH
Ferdinand-Jühlke-Straße 7
99095 Erfurt, Deutschland
produktsicherheit@kolibri360.de